台風で屋根のガラスが割れた温室のガラスを張り替え、
枯れてしまった木々を撤去したら、元々あった木が生き生きと生えてきた。

センダンの木。春には小さな花にハチが群がり、
秋には半透明の玉のような実が落ちてくる。にぎやかな木。

ヘンルーダ。英語ではルーともルータとも。
甘くスパイシーな独特の香りが日本では本の虫よけに使われていたという。

フェンネル。夏の頃、花が種に変わる瞬間、種を噛むと
ジュワッとオイル分が出てくる。その時を狙って採る。

イバラのローズヒップ。イバラの花の実にも細かい棘がある。

03
Glass house

二棟の温室。手前はバーカウンターとテーブルを設置して、テイスティングルーム
とショップに。奥の温室はアロエやグアバなど暖かいところで育つ植物を栽培する。

日々変化していく植物の様子を継続して観察する。

環境の改善と、もちろん蜂蜜の採蜜を期待して
養蜂にも取り組んでいる。

杉材の表面を焼くことからはじめて、一冬かけて
自分で東屋を小屋へと改修した。

丸い畑の中心に、プラム、アプリコット、洋梨など、
クラウドファンディングの支援者が選んだ果樹の木を植えた。

薬草園開園時に植えられた柑橘の木が30年経って、たくさんの実をつける。

アーチ型のドアの向こうにドイツKOTHE社の蒸留機。
機能がそのまま形になったかのようだ。

発酵の終わったもろみを蒸留機のポット（釜）に投入する。
ポットの容量はわずか150ℓ。文字通り手で投げ入れる。

熱されたポットが液体を蒸気にする。
冷却塔で蒸気は冷やされ、また液体に戻る。最初の一滴。

冷却塔の温度、釜の圧力、蒸留物のアルコール度数、そして自身の感覚。
すべてを蒸留中はチェックする。

出番を待つ小豆島からやってきた木桶。

「ボンボンヌ」と呼ばれるフラスコ型のガラス容器。
この容器で蒸留後の液体を熟成させる。

元々はポンプ小屋だった小さな建物に不釣り合いな大きな文字。
この脇の道が蒸留所へと続く。

ぼくは蒸留家になることにした

江口宏志

第2章　蒸留家見習い、ドイツで修業する

はじめに

梅、桃、すもも、枇杷《びわ》、さくらんぼ、花梨《かりん》、梨、ぶどう、
柿、りんご、みかん、金柑《きんかん》、柚子《ゆず》、
オレンジ、キウイ、ブルーベリー、レモン、
ラベンダー、ローズマリー、ミント、
ゼラニウム、アンジェリカ、ニガヨモギ、
レモンバーベナ、フェンネル、アニス、ヒソップ、
コリアンダー、ヘンルーダ。

ぼくはいま、こんな果実やハーブに囲まれて暮らしている。

東京から、千葉の房総半島の南・大多喜町《おおたきまち》に引っ越してきて約2年半が経った。

ヨーロッパで古くから「Eau de Vie（オー・ド・ビー）」と呼ばれてきた蒸留酒をこの地でつくるのだ。

元は薬草園だったこの場所には、さまざまな植物が育っていて、ぼくにインスピレーションを与えてくれる。

蒸留は、紀元前３０００年頃の古代エジプトですでに行われていたという記録もあるほど、古

くに編み出された技術だ。中世ヨーロッパでは錬金術師が用いていたという。

はじめは香水をつくるための技術であったが、研究の過程で火薬や陶器が生まれ、アルコール蒸留も発見されたそうだ。

蒸留酒の工程を説明すると、まず四季折々の果実やハーブを収穫し、発酵させて蒸留機にかける。発酵液を熱すると液体が蒸気になり、この蒸気を冷却するとアルコール度数の高い液体が生まれるというものだ。

発酵樽や蒸留機のなかで起こっていることは、果実に含まれる糖分のアルコール発酵だとか、アルコール度数の高濃度化、また揮発性成分の分離など、すべては化学反応として説明することができる。

しかしそうした諸反応の結果であるはずのオー・ド・ビーは、本来の果実やハーブよりも芳醇で鮮烈な香味を醸し出し、植物に潜む力をさらに導き、昇華させるものだ。五感に訴えるその酒には、単なる化学式では説明しきれない、感動的な味わいがある。

錬金術師たちは蒸留を、人生の公式だとか、生きるための真髄を見つけるものとして考えていたそうだ。

オー・ド・ビーが「命の水」、時には「人生の水」と呼ばれるのには、こんな理由もあるんじゃないだろうか。

元々ぼくは、20年近くもの間、東京で本屋をやっていた。

その前は、通販会社のサラリーマン。バブル崩壊後の就職氷河期に就職した世代である。サブカルや音楽が好きだった関係から古本と接する機会も多く、いつの間にか新刊書とは異なり自由な流通ベースにある古本というものに、ほかの人が見出さない新しい価値を付け加え、発信するという行為が面白く思えてきたのだ。

２０００年代のはじめは、ネットと消費の関係がめまぐるしく変わった時代でもある。特に本の業界では、本離れも顕著になり、ぼくも本そのものをストレートに売るというよりも、本にまつわるモノ・コト・ヒトも含めた発信をするのがいいんじゃないかと思うようになった。

本屋兼居酒屋を営んでいたこともあれば、都市・地方問わず本にまつわるイベントを開催したり、最近で言うところのブックセレクトも手がけてきた。学生の頃の憧れの地・代官山に店を構え、人も雇い、店もそこそこ知られるようになり、人がやっていないことを「本」というフィールドで発信しようと、その時どきで、挑戦してきたつもりだ。

もちろん数多くの失敗もあった。

経営的に成功していた、という状態はあまりなかったような気がする。それほど儲からず、かといってそれほどダメなわけでもない、潰れない程度に成り立っていた……という具合だ。

ただ、自分なりに時代を読んで、その半歩前に進もうと、店を実験室に見立てるような気持ちで、さまざまな試みを行った。

しかし、ほかの本屋がやっていないことをやり続けたため、いつしかぼくは、ある種の袋小路に陥ってしまう。

ほかの店との差別化に頭を使うことへの疑問、先の見えない疲れとでも言うべきか、一生懸命考え抜いたからこそ、自分ができることの限界が見えてしまった。

そんな閉塞感が、40代も半ばになろうというぼくを、「本」というフィールドを離れ、蒸留家というこれまでとはまったく異なる道を歩ませたのかもしれない。

電子書籍の台頭、ネット通販への依存、地方のまちの過疎化、本というメディアの展望。その時どきの状況を読み、半歩先を行くようなことをやってきたつもりだったけれども、自分のなかでやれることはやった、という気になったのかもしれない。


この千葉の大多喜でぼくは、汗だくになりながら果実を収穫したり、香り付けのために一枚一枚花びらを摘んで乾燥させたり、大量の果物の皮を延々と剝《む》き続けたり、果実の発酵液で満たされた巨大な木樽をかきまわしたり、フォークリフトの免許を取るべく鬼教官にしごかれたり、飼っているミツバチを襲撃にくるスズメバチを撃退したり、資格や申請のための書類と奮闘したり……。とにかく、本屋をやっていた頃にはまったく縁のなかった作業や肉体労働に、日々追われている。

昔からぼくを知っていた人たちは、長年やっていた本屋を辞め、東京も離れ、蒸留家になるということについて、かなり驚いていたようだ。

けれどもぼくにとってこの歳で蒸留家をめざすというのは、ある日突然思い立ったわけでもなく、ごく自然な流れで見えてきた答えだ。

思い立って情熱があれば、何歳からでも好きなことができるという考え方も、確かにあるだろう。

しかしやりたいことによっては、体力だとか銀行からお金を借りる必要だとか、一定の年齢を過ぎては難しい場合もある。大きな意味でライフステージというものを考えた時、ぼくにとっては、いまの年齢が、新しいことにチャレンジできるちょうどよい……いや、ラストチャンスだったのかもしれない。

これからの仕事のこと。

これからの働き方のこと。

そして、これからの生き方のこと。

そんなことを考えながら、ぼくは蒸留家になった。

第１章　自分を表現できる「技術」を探す

ぼくが本屋を辞めたわけ

元々子どもの頃から本が好きで、まわり道はしたものの、ちょっと変わった本屋になった。書店については何の経験も知識もなかったので、オーソドックスな本屋からすれば横道に逸《そ》れるように、本とモノ・コト・ヒトを結びつけながらさまざまな試みを行った。

たとえばアマゾンで扱わない本だけを紹介する仮想ブックショップだとか、エコにまつわるキーワードだけで書棚を構成する駅ナカのブックショップだとか、空気銃で倒した本が手に入る露天のようなイベントや、みんなで大きな声で野外で本を読むフェスティバル……。

こうした本屋の仕事は楽しいし刺激的であるものの、40歳も過ぎた頃、漠然とした不安にぼくは苛《さいな》まれるようになる。

それはこの先、本というフィールドのなかで常に更新していけるものを発見できるのだろうか、という疑問だった。拠《よ》って立つべき居場所が曖昧で、自分の存在が希薄になり、マーケティングやら消費やら見えない何かに飲み込まれてしまうようなもどかしさ……とでも言うべきだろうか。

そんなぼくがまわり道をしながら出会ったものが、「蒸留」だった。

長年携わっていた本の世界を離れ、蒸留という新しいフィールドに飛び込むことは、結果だけ拾い上げれば「大きな転身」だとか、ちょっと劇的な言い方をすれば「生き方を変えた」とも言えるだろう。

しかし、ぼくにとってそれは大袈裟なことでも何でもなく、本屋をやりながら世の中の動きだとか、まわりの人々に感化をされながら、ゆっくりと、そして確かに兆していったものだった。

生活という表現に魅了されて

10年ほど前になるだろうか。インディペンデント・マガジンに新しいムーブメントが生まれはじめていた。

たとえば、ミラノの若手編集者マルコ・ヴェラルディ（Marco Velardi）が創刊した『apartamento』。彼はスイスのインディペンデントな出版社でインターンをしたり、『032c』というベルリンのカルチャー誌の編集部にいたという経歴をもつ人だ。『apartamento』が独創的だったのは、ほかのアート誌のようにアーティストやデザイナーの作品そのものを取り上げるのではなく、彼らの居住空間を通じて浮き彫りになる「ライフスタイル」に目を向けたところだ。このマガジンを初めて見た時、登場するアーティストに対する見方ががらりと変わった。それまでは、作品を通じてしか見えてこなかったアーティスト像が、作品をつくり出す生活に視線を向けることで、日常こそが表現であるということを気づかせてくれたのだ。

ぼくが当時営んでいた本屋「UTRECHT（ユトレヒト）」は、日本における『apartamento』のディストリビューター（卸売業者）になり、セレクトブックショップにとどまらず、増えてきたライフスタイルショップでも取り扱われるようになった。

『apartamento』が数号出たあと、マルコたちと「UTRECHT」で雑誌のイベントを行うことになった。ふだんなら雑誌で掲載した写真を展示したりトークイベントをやるのだが、彼らはなんと、料理会をやろうと提案してきた。型破りだったが、同誌のコンセプトをよく表しているとぼくも思った。

イベント当日は、朝から近くの「Farmer's Market」に食材を買いに行き、「UTRECHT」の小さなキッチンで料理をつくる。来てくれたお客さんは20人ほど。アットホームで心地よい空気に包まれた会になった。

食事をいっしょにすることの楽しさというのは、何気ないけれども格別なものだ。テラスで美味しいものを食べるだけでも楽しいことを、ぼくはあらためて知った。

彼らは告知ポスター一枚にしても、料理会で使うコースター一枚にしても、実によく考え抜いていた。誌面のための撮影やレイアウトではなく、料理会というイベントでも、彼らにとっては「表現」なのだ。

『apartamento』を読んだり、その編集者たちとつきあううちに、いつのまにかぼくの見ている世界が変わってきていることに気づきはじめた。

ほかにも、生活と作品を分かちがたく結びつけたクリエイターたちが、たくさん現れた。ロンドンのグラフィック・デザイン・スタジオの「Åbäke（アバケ）」も、その好例だ。

彼らはクライアントワークとは別に、自分たちで編集、デザイン、発行、流通までを含む出版活動も行っていて、訪日に合わせて「UTRECHT」でイベントをすることになった。

この時にやったのが、出版物に関するプレゼンテーション、そしてもう一つが、旅する食事会「Trattoria」だった。元々彼らは、調理、食事、ディスカッションを目的としてこうしたイベントをやっていて、今回は「Åbäke」の盟友でいっしょに来日した国際的なプロダクト・デザイナー、マルティーノ・ガンパー（Martino Gamper）も、段ボールとサーキュレーターで即席のスモーク・マシンをつくり、テラスで燻製をしてくれた。

この時は立食ではなく、店内やテラスにテーブルと椅子を設けてゆっくりと料理を楽しんでもらえるようにした。参加できるのは顔見知り2人までにしたから、テーブルに着くとまず、はじめまして、と挨拶が交わされる。食事が供されるのもゆっくりで、その間に本を読んだり話したり。彼らがつくりたかったものは、料理そのものというよりも、こうしたコミュニケーションの場であったのだ。

こんなふうにこれまでのジャンルでは括《くく》れない活動をする人たちと、新しい雑誌が登場しはじめていた。「生活」をとらえ直す動きが、世界中で生まれ出していたのだ。

手と体を動かすことで得られるもの

食や暮らしへの関心が、ぼくのなかでも高まっていた。

たとえば、アートディレクターの橋詰宗くん、家具・空間デザイナーの白鳥浩子さんと企画した共同参加型イベント「D❤（アイ）Y」。店と客が、発信側→受け手という一方通行の関係ではなく、互いが作用しあって成立するイベントだ。たとえば、その場で撮影、デザイン、印刷、製本を行い自分だけの写真集をつくるとか、くじ引きの要領で上下の句が書かれた紙を引いたら真ん中の句を自分で考えて完成させるとか、お客さんとつくり手が関わりながら、その場で即興的にものづくりが営まれる。

ここではアートやクラフト、デザイン、フードといったジャンルの垣根を越え、幅広いつくり手と縁ができた。こうした現場に居合わせるうちに、だんだんとプロデュースする側では飽き足らなくなり、自分でも何か提供したいと思うようになった。そこで考えたのが、「S❤PER

MARKET」という、来てくれた人のためのスープをつくるイベントや、「BAR❤TENDER」というDIY式カクテルショップだ。

「S❤PER MARKET」では、お客さんがまずスープのベースと具を3種類選ぶ。調理方法も、フードプロセッサーにかけるのか刻むのか、温めるのか冷たくするのか、調理方法をぼくたちが考える。そのカクテル版が「BAR❤TENDER」で、ベースのお酒とフルーツを選んでオリジナルのカクテルをつくるというものだ。

美味しい食事やお酒を提供するのはもちろんのこと、それを媒介にしてお客さんといっしょにものをつくる感覚は、新鮮だった。「TOKYO ART BOOK FAIR」にもフード・セクションを設けて、料理の分野でユニークな活動をしている人たちを呼び、ぼくも自ら料理をふるまうこともあった。

自ら手を動かすようになって気づいたのは、本じゃなくても、いまやっていることはできるのかも、ということ。アイディアを出し、段取りをし、人と人をつなぐ。さらに、ぼく自身で体を動かし、自分でつくり込める要素をもっともちたいという気持ちが強くなってきた。

食から広がる表現

こうした考えは、料理のイベントを通じて出会った人たちに感化されたからなのかもしれない。

料理は、ある意味、特異なジャンルだ。日々の暮らしを営むため誰もが携わる行為でありながら、家庭料理から遠く離れたところにいる「料理家」や「シェフ」が、メディアを通じて発信をしてきた。だから一昔前の料理家というと、「フランスの有名料理学校で修業してきました」というような人が中心で、レシピも日々の料理から離れた、気合を入れないとつくれないよそゆきのものが多かったように思う。

そんななか、料理の専門家ではない堀井和子さんが1980年代後半に出した料理の本は、自分でもつくれそうなレシピが載っているだけでなく、器やテーブルクロス、卓上の花、魅力的な写真やスケッチなどと相まって、一つの新しい表現を確立したとも言える。

「Chioben（チオベン）」こと山本千織さんの活動も、魅力的だ。赤や黄、緑に紫が乱舞する彼女の弁当は、色鮮やかなキャンバスのよう。山本さんとはぼくが立ち上げにも関わった「TOKYO ART BOOK FAIR」を通じて知り合ったのだが、彼女は元は美術畑の人だ。地元・北海道にいた頃は姉妹で「ごはんや はるや」というレストランを営み、各国の映画にあわせて献立を考えていたそうで、サブカルにも詳しい。

東京・代々木上原で按田優子《あんだ》さんが営む「按田餃子」は、「若い女性の吉野家」を店のコンセプトにしている。代々木上原という若い人に人気のあるエリアに店を構えながらも、店員さんが着けているエプロンは、いかにもおしゃれです、といったところからはちょっとズレた感じ。ただそれが功を奏して、誰もが気兼ねなく入れる店になっている。

また、フード・アトリエ「S/S/A/W」を主宰する、たかはしよしこさん。彼女はエジプト塩という天然塩・スパイス・ナッツをミックスした万能調味料を切り口にした料理だけでなく、お野菜カレンダーを制作したり、ギャラリーで展示を行ったりと、一括りにはできない活動をしている。菓子研究家の福田里香さんも、独自の視点をもっている。こうした芯のある活動をしている人には、自然と人々が集まってくるのだ。

これらの人たちが体現していることは、いままでの固定概念からはずれたところから生まれた表現だ。

奇をてらっているわけではないのに、新しさがあり、その人なりの個性があり、かつ洗練された表現になっている。それは、何らかの「技術」に裏打ちされているからじゃないだろうか。料理の技術、魅せる技術、伝える技術。そこをおろそかにしていないから、食という普遍的なフィールドに立ちながら、ままごとみたいにはならないわけだ。

「技術」というものへの興味が、ぼくのなかに生まれはじめていた。

欲しいのは、技術

ぼくがいままでやってきたことは、アイディア出しや、マネージメントやプロデュースがほとんどだった。

つまり、ぼく自身が最初から最後まで手や体を動かして、事をなしえてきたわけではない。もちろん企画やプロデュースも技術の一つととらえることができるだろう。何も、前面に出て自己を主張したいわけではないのだけれども、次から次へとイベントを続けていくなか、その時どきで懸命に考えていたことがあまりにもたやすく消費され、自分というものが消えてなくなってしまいそうな感覚にとらわれるのだ。

だからこそ、自分で何かをゼロからつくりあげてみたいと思ったし、そうしたことができる「技術」をきちんともちたいと思った。

ぼくが本というフィールドを離れようとしていた2010年頃は、右を向いても左を向いても、とにかく「洗練されたライフスタイル」だった。

2011年にアメリカのポートランドで創刊されたライフスタイル誌『KINFOLK』は、そのブームの代表的なものだと言えるだろう。誌面で展開される、暮らしの上澄みをすくいとった、うっとりするような美しい情景。それはそれでいいのだけれど、その情景自体がスタイルのようになってしまった。

本当に洗練されたものって、ぼくが出会ってきた料理家の人たちや『apartamento』やÅbäke のように、それぞれの独自の背景があってこそなのだと思う。そうした背景をすっとばして、表面だけをなぞったような「ライフスタイル」があっという間に世を席巻するのに、ぼくは食傷気味だった。

うわべだけの「ライフスタイル」が消費されていくのを横目で見ながら、ますます表現の下にあるしっかりした「技術」の蓄積が自分にも欲しくなった。

そう考えた時に、漠然と、自然と関わりながら、ものをつくりたいという気持ちが湧いてきた。自然は普遍的であるがゆえ、簡単に消費されることなく長く関わっていけそうな気がする。

でも、自然と関わりながら、どんなことができるだろう?

そんなことを考えている時に出会ったのが、「蒸留」だった。

香りと味の錬金術師、蒸留家

蒸留家という仕事を意識するようになったのは、オーストラリアの雑誌『Condiment Magazine』がきっかけだった。「食と物の冒険（Adventures in Food and Form）」をコンセプトに掲げた同誌は、『apartamento』の少しあとに創刊されたものである。何気なくページをめくっていたぼくの手がふと止まったのは、ドイツ人蒸留家クリストフ・ケラー（Christoph Kohler）のインタビュー記事だった。

蒸留家という職業が耳慣れないかもしれないので、蒸留家とは何ぞや、という話をすれば、端的に言って蒸留酒をつくる人のことだ。ぜんぜん答えになってないじゃないか、とお叱りを受けるかもしれないので、もう少し詳しく説明しよう。

酒には醸造酒と蒸留酒の二種類がある。醸造酒は、原料をアルコール発酵させてつくるものだ。ワインだったらぶどうを酵母の力で発酵させ、日本酒だったら麹《こうじ》を使って米を発酵させる。ビールなら大麦を発芽させた麦芽をビール酵母を使って、という具合にだ。

これに対して、蒸留酒というのは醸造酒を蒸留した酒のことである。醸造酒のアルコール度数は高くても20度くらいにしかならない。それを蒸留器で加熱すると、水の沸点100℃に対してアルコール（エタノール）の沸点が78℃だから、アルコールが含まれる液体が先に蒸気になる。それを冷却して液体に戻すことで、アルコールとともにアルコールに含まれる香りなどの風味を凝縮するのが蒸留酒だ。日本のものでいえば泡盛や焼酎、外国だとウイスキーやブランデー、ラムやウオッカ、ジン、テキーラ、カルヴァドスなども蒸留酒という区分になる。

さて、そのクリストフだが、彼は蒸留家になる前はドイツを拠点とするアートブックのパブリッシャーだった。「Revolver」というその出版社の発行するアートブックは、コンセプトが明快でデザインも美しく、「UTRECHT」でも仕入れていたこともあった。

記事によると、彼は大都会フランクフルトから家族とともに南ドイツの田舎へと移住し、2005年から小さな農場で蒸留酒をつくりはじめたという。この酒を彼は「オー・ド・ビー」と呼んでいる。そのインタビューでは仕事と家族、都会と田舎、表現と経済、一見相反することをどのように解決していくのかを語っているのだが、ぼくなりに訳したものを、一部紹介しよう。

以前、アートシーンのなかに暮らしていた時は、プロジェクトベースで動いていたから、完全なでっちあげエコノミーだった。プロジェクトをやっては次のプロジェクトへ。プロジェクトは最初から計算されていて、そのプロジェクト分のお金をもらっては次のプロジェクトへと使っていた。

アーティストとして、プロジェクトの展覧会やフェアなどを行う。パブリッシャーとして本をつくり、キュレーターとして展覧会を次々と企画する。そして最後に請求書を書く。それをとても短い期間で行っていた。長い期間のプロジェクトだとしても、2年が最長だ。多くのプロジェクトはそんなに長期間かけるものではない。どんなに長くても一人の人生をかけて行うプロジェクトだ。

一方、農業はといえば、それは世代にまたがるプロジェクトだ。もし、たとえば土地にelsbeer（ナナカマドの一種）の木を植えたとしたら、最初の実がなるまで約30年かかる。

彼が向かい合ってきたことは、当時ぼくが抱えていた悩みとも、不思議と一致していた。出版業から突然違うことをはじめたという経歴にも、共感をおぼえた。

蒸留について、彼はこんなふうに語っている。

錬金術師のルーツはすべて、健康と密接につながっている。蒸留技術が進化したのは、最初は香水の製造のためだった。飲用のためではなかったんだ。

最初の蒸留は、紀元前３０００年の古代エジプト、アラビア。それはとてもシンプルで、機械すら使わなかった。銅製のヘルメット状の器に蒸発したアルコールを濃縮して集めたものだった。

それはローズ・ウォーターのために行われた。アラブの国々では、女性のための美しい香りとしてつくられた。それは中世の初期まで行われた。蒸留は香りを収集するために行われていた。中世において、少し状況は変わった。なぜなら突然、蒸留は薬剤師や錬金術師の仕事になったから。

まだアルコールをつくるためではなかった。それは人生の真髄を見つけるための行為であり、できたものは人生の水――「aqua vitae」と呼ばれた。

それはまた人生の公式を見つけるためであり、すべてのものに共通する公式と考えられていた。そして錬金術の研究とも関連づけられていた。

そこそこ分量のあるインタビューだったが、ぼくは夢中になって読んだ。体を動かすこと、自然と関わること、そして綺麗事だけではない「働くこと」へのヒントがちりばめられている。

つまり、何かを植えるということは単に穴を掘ってそこに苗を入れる、ということではない。常に水を遣《や》り手をかけて、時々は小枝を切らなくてはならない。

だから、農業に従事するということは、短期間のプロジェクトから距離を置くということとでもある。そして時には経済活動からも。もし繁殖用の鶏を2・5ユーロで買うならば、その鶏自体の価値は限りなくゼロで、卵を産む装置こそが鶏の価値なんだ。それはホビーでもなければ、経済活動でもなく、ましてプロジェクトでもない。それは単に何かと生活をともにすることなのだ。

（…中略…）

アートブックはそれ自体が語るけれど、たいてい読者にはアートの歴史についての知識が必要とされる。コンセプチュアル・アーティストのジョナサン・モンクも彼の作風がわかっていれば作品自体が説明してくれる。エド・ルシェのアーティストブックもそう。つまりメタレベルのアートやアートの歴史についての知識が必要になる。

オー・ド・ビーについては、完全に異なる。必要なのは実際の味覚だけ。ほかには何もいらない。それが私にはとてもやりがいになっているんだ。

彼の言葉は、手探りで迷路をさまよっていたぼくに、素直に響いた。

クリストフ・ケラーに会いたい。

その一心で、ぼくは彼にメールを綴った。

彼のインタビューを読んだこと、蒸留に興味をもったこと、南ドイツのアイゲルティンゲンという小さなまちにある彼の蒸留所を見学してみたいということ。

クリストフからは、夏に蒸留所を開放する日があるので、その時に来たらどうか、という返事が届いた。ちょうど「UTRECHT」の仕事でオランダへ行く用事があったので、アムステルダムで車を借りて南ドイツまで行くことにした。

クリストフのつくるボタニカル・ブランデーがどんなものか味わってもいないのに、いずれ自分は彼のもとで修業をすることになるんだろうな、という漠然とした予感があり、思い切って妻と娘たちも連れて行った。

オランダとドイツは隣合わせながら、オランダ北部のアムステルダムと、蒸留所のあるドイツのスティーレミューレ村は思った以上に距離があり、途中、オランダのアイントホーフェンで一泊し、二日がかりのドライブになった。

もし蒸留を学ぶのなら「UTRECHT」は辞めるんだろうな、とどこか覚悟のようなものがぼくのなかで生まれていた。

ブランデーに魅せられて

クリストフの蒸留所は、なだらかな丘の上にあった。

スイスとフランス、そしてドイツとオーストリア、スイスの国境にあるコンスタンツ湖から、車で30分ほど。絵本に出てくるような丘陵地に蒸留所はあった。シュヴァルツヴァルト（黒い森）ほど深い森に囲まれているというわけではないが、広い畑の向こうに地平線が見える美しい土地だった。ここが、彼が蒸留所を構える村スティーレミューレ（Stählemühle）だ。クリストフがつくるボタニカル・ブランデーのレーベルの名も「Stählemühle」という。この村を、彼が大切にしていることがうかがい知れる。

蒸留所公開日のイベントは、素晴らしかった。ヨーロッパの片田舎といったのどかな土地に、洒落たツイードのジャケットをさらりと着こなしたさまざまな世代の人たちが、クラシックカーで乗りつけてくる。みんな、「Stählemühle」の熱烈なファンなのだ。そして敷地に一歩入っただけで漂ってくる、かぐわしい香り。テントにはこの日披露されるブランデーの、芸術的とすら言えるボトルがずらりと並び、古い納屋からにぎやかなバンドの演奏が流れてくる。

古い農家を現代的に改修した蒸留所では、まず実際の蒸留機を前にしてブランデーづくりの仕組みや環境について説明を受け、それからさまざまなお酒をテイスティングする。この時に供されたのは、看板商品でもあるシチリアのブラッドオレンジからつくられた、ドイツでは「ガイスト」と呼ばれる蒸留酒。

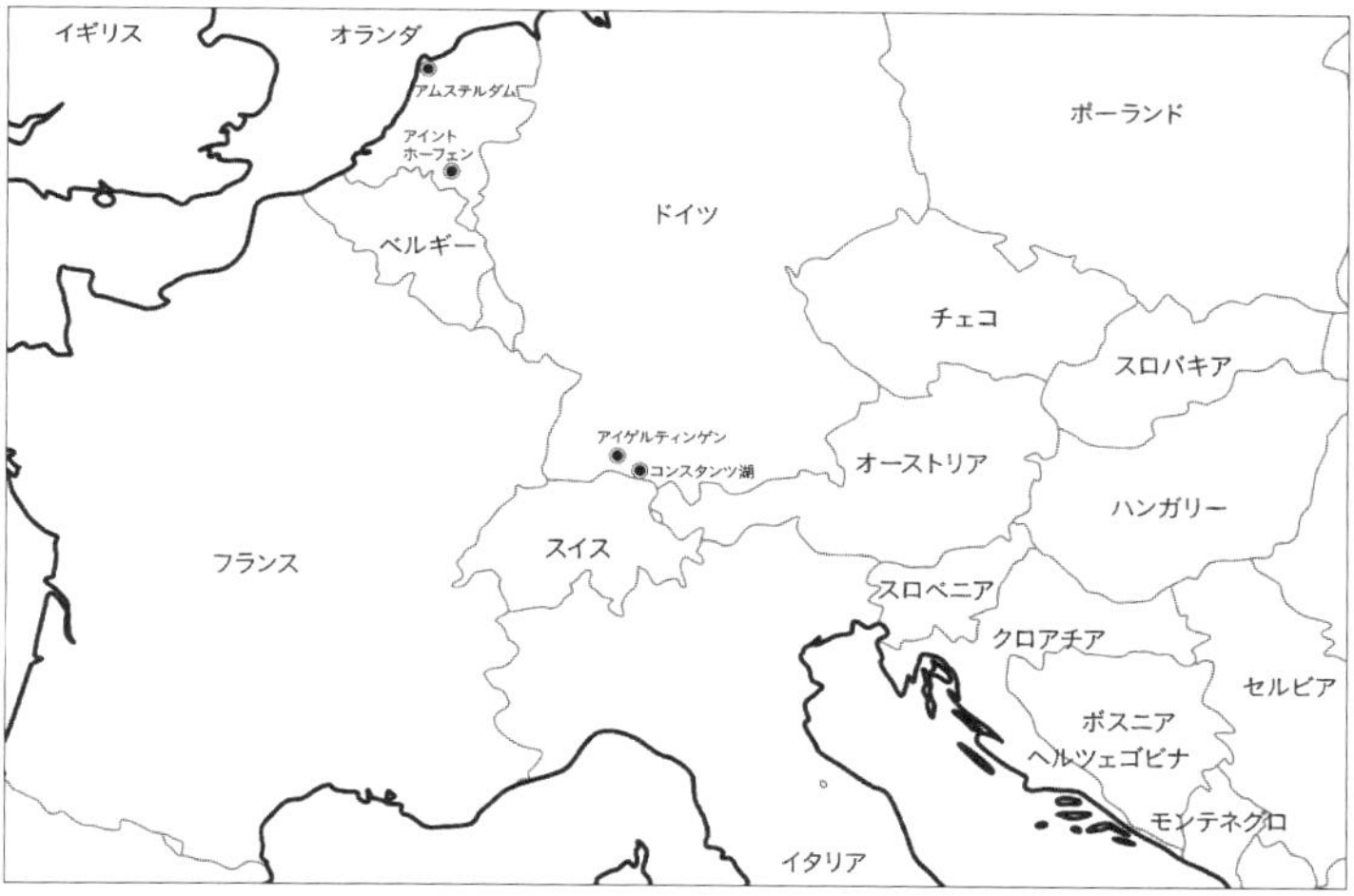

イギリス
オランダ
アムステルダム
アイント
ホーフェン
ベルギー
ドイツ
ポーランド
チェコ
スロバキア
アイゲルティンゲン
コンスタンツ湖
オーストリア
ハンガリー
スイス
フランス
スロベニア
クロアチア
セルビア
ボスニア
ヘルツェゴビナ
モンテネグロ
イタリア

一口味わって、すぐにこれまでぼくが慣れ親しんできた蒸留酒とはまったく違うものであることがわかった。実際の果物よりも味と香りが凝縮され、鮮烈なくらいだ。飲み物として美味しい、と素直に感動した。

こうしたブランデーを飲んでは口直しのコーヒー豆をかじってリフレッシュし、また飲んで。豊かな自然のなかにたくさんの人が集い、丹精込めてつくられた美酒がまたたく間に人を虜《とりこ》にする。「技術」の真髄を垣間見たような気になった。

ボトルやパッケージ、ラベルのデザインにも彼の美意識が貫かれていて、すぐれたプレゼンテーションにも唸らされた。彼のブランデーはきわめて高い評価を得ていて、２０１５年にドイツのバイエルン州で開催されたＧ７エルマウ・サミットで、各国首脳のお土産品に選定されたというのも納得だ。建物や環境も含め、一つの世界が構築されている。

芳醇な美酒のせいだけではなく、場の雰囲気にも酔ったのか、ぼくはすっかり舞い上がってしまった。最高の自然環境、古さと新しさが同居する蒸留所、五感に訴える絶品のブランデー。あまりの感激ぶりに、頭の片隅にあった弟子入り志願をうっかり忘れて、このまま帰国しかねないほどだった。見かねた妻に「何のためにここまで来たの？」と背中を押され、ようやく当初の目的を思い出す。

「ここで働かせてほしいんだ」

デザインも美しいStählemühle のボトル

思い切ってクリストフに声をかけた。蒸留家になりたい、そのためにここで修業をしたいと、ぼくなりに懸命に伝えた。

クリストフは、最初は戸惑っていたようで、とりあえずあとでメールでやりとりをしようということになった。弟子入りなんて頼んできたのは、ぼくが初めてだったらしい。驚きながらも面白がってくれているようだ。そりゃあ、蒸留や酒造に携わったことのない日本人が突然修業したいなんて言ってきたら、驚くのも無理はないだろう。

日本を離れてドイツに修業に行くかもしれないということに対し、妻はかなり乗り気だった。彼女は画業を生業《なりわい》としているから、新しい環境を積極的に受け入れるタイプだし、蒸留所の環境をとても気に入って、こんなところで子育てをしてみたいとこの時すでに思っていたようだ。

帰国後、クリストフとメールを交わし、彼のほうでもぼくを受け入れる準備を整えてくれることになった。

香りの世界を探究する

蒸留への興味が募るさなか、思いがけず、仕事を通じて蒸留の世界がぼくのほうに近づいてきた。蒸留は、酒造だけではなく、アロマのような香りの世界の技術でもある。精油（エッセ

クリストフ・ケラー

ンシャルオイル）は、原料となる植物を蒸留機にかけて抽出されるのだ。

たとえば「無印良品」の商品カタログの、香りのページの制作。実際に生産地に足を運ぶことはかなわなかったが、それでも、蒸留にまつわる膨大な資料に目を通すこととなった。

長年オーガニック系コスメブランドで勤務した後、自身のショップをオープンすることになった山藤陽子さんの店づくりの手伝いも、香りへの興味を深める機会になった。山藤さんが心地よいと感じるものを扱うセレクトショップ「Fetish」の一角に本を置きたいということでブックセレクトをしたのだが、それからオーガニックや香りに関する本を意識的に読むようになった。

とくに、香りの世界について考えさせてくれた一冊がある。それはモリー・バーンバウム著『アノスミア　わたしが嗅覚を失ってからとり戻すまでの物語』（ニキ・リンコ訳、勁草書房、２０１３）という、嗅覚をなくしてしまう原因不明の病気になってしまったシェフ志望の女性の手記だ。嗅覚には二段階あり、一つは文字通り匂いをキャッチする感覚。そして同化と呼ばれる、その匂いが何の匂いかを判断して、言葉にする能力。ローズマリーの匂いだけが感じられたことをきっかけに、徐々に感じる匂いが増えていく彼女。しかしそれが肝心の記憶、つまり思い出と結びつかず言葉にすることができない。一つひとつの感覚を積み重ねて立体的な「嗅覚」と呼ばれるものへとたどり着く、香りの世界の奥深さに気づかせてくれた。

「Fetish」ではさまざまなプロダクトを扱っていたが、なかでも「Juniper Ridge」という、カリフォルニア・オークランドにある香りのブランドに興味を惹かれた。香水やキャンドル、お香、石鹸などをつくっており、いずれもサンフランシスコの国立公園の間伐材などを引き取り、原始的な蒸留方法により抽出した精油を使っている。ラベルには原料を採った場所が記されていて、人工的な香料は一切用いていない。森のような匂いを立ちのぼらせ、蒸留の醍醐味を感じさせてくれるものだった。

自然とクリエイティビティとを、「蒸留」という技術が橋渡ししている。こんなふうに五感に訴えるものを、どんな人たちがつくっているのだろう。

はやる心そのままに、一度会ってみたい、とメールを書いた。

返事がきた。「Juniper Ridge」は、森のなかにあるさまざまな香りを感じるワークショップ形式のハイキングを月に一度催しているという。

同行させてもらえることになり、ぼくはロサンゼルスに飛んだ。

環境という香りを知る

「とにかく気になった植物があれば手に取り、もぎ取り、匂いをかげ（keep touching, keep picking, keep smelling)」

「Juniper Ridge」の代表ホール・ニュービギン(Hall Newbegin)は、ハイキングがはじまる前にこう言った。

オフィスのあるオークランドから車で1時間。ベイエリアから橋を渡り、監獄があることで有名なアルカトラズ島を横目に通り過ぎるあたりから景色が変わる。乾いた空気のなか、緩やかに高度を上げるにつれ、緑に覆われた山が眼前に迫ってくる。

カジュアルな雰囲気のうちにハイキングははじまったが、さっそくホールが足を止めてみんなに呼びかける。ダグラス・ファー(ベイマツ)の大木だ。樹皮に顔を押し当て、匂いを嗅ぐ。青っぽい針葉樹の匂いが鼻腔を満たす。

「今度は手のひらで葉っぱを20秒間、こすってから嗅いでみて」と、ホール。

まったく違う。青臭さが引っ込み、樹木の奥に潜んでいた複雑な深みある香りが立ち現れた。きわめつきだったのは「草をかきわけ地面に鼻をくっつけ、15分寝転んで」という指示。

両手の親指と人差し指で三角をつくり、地面に置いて鼻を中心に据える。はじめは草の匂いが、そしてじきに土の匂いが漂ってくる。

一口に土の匂いといっても、さまざまな種類があることがわかってきた。腐敗の匂い、土中の微生物の匂い、水分の匂い。徐々に嗅ぎ分けられるようになる。

その後、苔《こけ》の香りも嗅いだ。湿気を帯びてカビ臭いだろうという先入観があったが、土が発酵したような心地よい香りだった。

五感と自然が響き合う。

植物だけでなく、土や苔も、環境そのものが豊かな香りを放っている。

ぼくらは、こんな複雑で繊細な香りの世界に身を置いているのだ。

ついに本屋を辞める決意の時

帰国してさっそく、小さな蒸留機を買った。フラスコサイズの、おもちゃみたいなやつだ。多摩川の土手に行き、土や雑草を蒸留してみた。

ぼくはどんどん、蒸留の世界にのめり込んでいった。

蒸留によって何かをつくるのが面白いというより、蒸留という技術そのものに強烈に惹かれていた。自然という普遍的なものを土台に、香りであったり、クリストフがつくっているような蒸留酒など、さまざまな表現ができる可能性を秘めている。

ぼくがこれまでやってきた本の世界での仕事を、この先30年続けられるかというと、少し微妙だ。なぜならば、自分が感じる良し悪しだけで勝負するのは難しく、その時のトレンドや売れ筋といったものとにらめっこをしながら、バランスを取らなければならない。たとえば登山家が選んだ山の本は、ぼくが選んだものよりもずっと説得力がある。そのセレクトが、登山家ならではの経験や実績に裏打ちされているからだ。

幅広く全体を俯瞰《ふかん》する立ち位置ではなく、ピンポイントで何らかの技術や経験を身につけたい。その技術は競いあうものではなく、風土や自然といった大きな存在と結びついたものであったり、蓄積していくことで自分だけのものになっていくものがいいだろう。

その技術は、自然に関わるものがいい。

この蒸留修業を機に、12年半つきあってきた「UTRECHT」からは、離れることに決めた。ただ店は閉めず、いま運営してくれている人たちに任せることに。

「UTRECHT」の前身も含めると、本屋をやって足掛け17年近くになる。

その本屋業は、ここで一区切りつけることにした。

自然からの小さな発見を形にする
mitosayaのボタニカルプロダクト

クラウドファンディングのリターンの一つとして、
ノンアルコールの「ボタニカルプロダクト 12 カ月」というものを設定した。
自ら手を動かしながら自然の副産物を形にするこのプロダクトは、
mitosaya のコンセプトを育てる上で大切なものとなった。

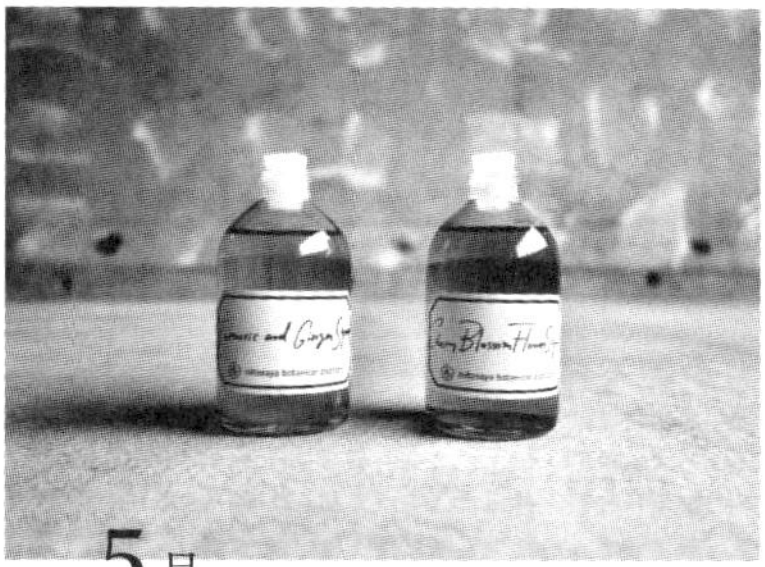

5月

染井吉野の花びらシロップ／
春鬱金の根っこシロップ

塩漬けにした染井吉野にホワイトバルサミコを加えたシロップ。塩漬けにすることで芳香成分がしっかり残る。淡い桜色とともに、小さな瓶に春を閉じ込めたようなプロダクトとなった。

大きなティーバッグと
6月のボタニカルティ

茶の木、ニッケイ、レモンマートル、カレーリーフ、アンジェリカなど6月に収穫したハーブやエディブルフラワーでつくったボタニカルティと、それらの組み合わせを楽しめるXXLサイズのティーバッグ。通常のものに比べて各辺の長さは3倍、体積は900%に。菓子研究家の福田里香さんとの会話から生まれ、デザイン・制作は大江ようさん（TEXT）にお願いした。

6月

7月

mitosayaバージョンの農帽と
虫除けウォーター

クリストフのもとで修業するにあたり最初に揃えるように言われたのが、帽子と長靴。ここ大多喜でも農作業をしている人たちは「農帽」と呼ばれるつばの広い麦わら帽子をかぶっている。この「農帽」をカスタムし、あごひもをヌメ革に、留め金は蒸留機と同じ銅製、額に汗止めをつけた。虫除けウォーターは除虫菊、ゼラニウム、レモングラス、ミントを蒸留したハーブウォーター。

8月

mitosayaのハチミツ

敷地内を飛び回るミツバチが集めたハチミツを採蜜したもの。熱を加えずに糖度77度までじっくりと熟成させ、ガーゼで濾すといったシンプルな処理で、香りと味の個性を最大限活かすように心がけた。蜜源はゴシュユ、オミナエシ、アニスヒソップ、フェンネル、ハブソウ、ギョリュウバイ（マヌカ）などで、これらは養蜂家のあいだでBee Bee Treeとも呼ばれている。

ナッツとレモンバーベナのクッキー／ローズマリーのショートブレッド

料理家の渡辺有子さん（FOOD FOR THOUGHT）にmitosayaのハーブでつくってもらったお菓子。乾燥させたレモンバーベナをたっぷり加えた軽い食感のクラッカーは、バラの花びらで彩りをもたらす。摘みたてのローズマリーをペーストにして練り込んだショートブレッドは、添えたドライの枝を崩してふりかければ、さらに香りを楽しむことができる。

9月

10月

柿のピクルス

いすみ市の柿農家・金綱さんの柿を丸ごと使ったピクルス。金綱さんは15種前後の柿を栽培しているが、今回は次郎柿と東京御所という甘みの強い2種を使った。ピクルス液にも柿とワインビネガーからつくった柿酢を使い、金綱さんの酢橘とmitosayaのパイナップルセージを香りづけに加えた。芯に甘さが残った状態から徐々にまろやかになる変化の過程も楽しめる。

ボタニカル・コンポジション

デザイナーの熊谷彰博さんによる竹のプロダクト。竹は、大多喜で竹の加工場を営む麻生さんに譲っていただいたもので、竹かごの材料として30年以上保管されていた。養老渓谷で拾った石とmitosayaの植物を組み合わせ、石を置いてスタンドにしたり、植物を吊るすなど、あえて明確な機能をもたせず、使い手の想像力をゆるやかに喚起する。

プフッツェ・ヘンルーダのしおり

Mitosayaで採集したヘンルーダを型取りしたシルバーのブックマーク。自然物の形や現象をモチーフとしたジュエリーを手がける、Pfützeとともに制作。ヘンルーダはミカン科で、山椒にバニラを加えたような独特の香りと殺菌作用をもつ。ヨーロッパでは料理からお酒の風味づけや、衣服の防虫に利用されてきた。日本では芸香と呼ばれ、栞として使うと本の虫食いを防ぐと言われる。

1月

chio醤 mitosayaバージョン

山本千織さん（chioben）による特製・蝦醤chio醤に、mitosayaで採れた甘夏の果汁と皮を加えたコラボレーションバージョン。凝縮されたエビの旨味と独特の香りに、甘夏のほのかな酸味と苦味が加わった。香り弾ける醤の流れのなかを所狭しと泳ぐエビとみかんをイメージしたオリジナルのミニ風呂敷は、大江よう（TEXT）によるデザイン・プリント。

2月

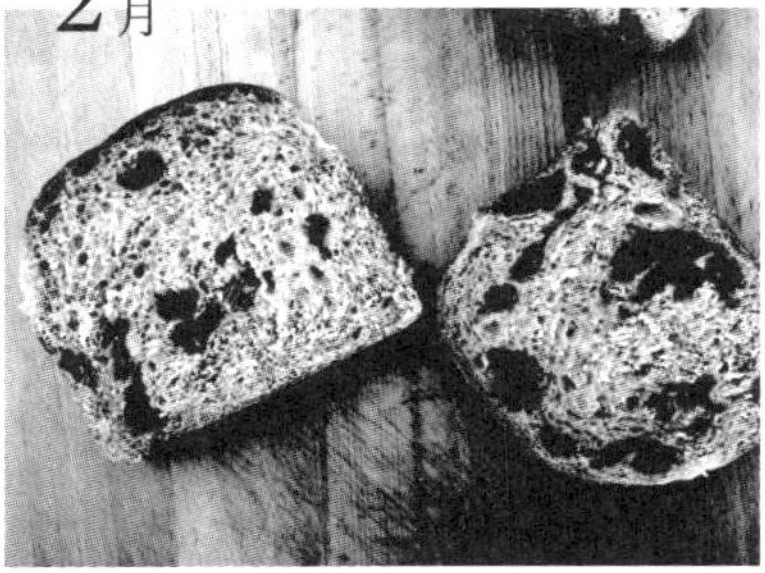

ベーリーＡの天然酵母でつくった食パン

山梨県万力のワイナリー、金井醸造場で絞ったマスカット・ベーリーＡで起こした真冬でも発酵を続ける元気な天然酵母で、千葉県長生村のベーカリー・一舟につくってもらった食パン。絞ったマスカットを生地に練り込み、お酒に漬け込んだオーガニックのフルーツ（レーズン＋赤ワイン、いちじく＋白ワイン、さくらんぼ＋チェリー酒、アプリコット＋ mitosaya のみかんのボタニカル・ブランデー）を加えている。

蒸留もろみのキャンドル

蒸留を終えた後に残る滓「もろみ」には、元の果実やハーブの色が残っている。このもろみをソイワックスで煮出して色を抽出し、キャンドルをつくった。みかん、モロッコミント＋チョコレートミント、メルローのポマース（絞り滓）の３種を制作。キャンドルに火を灯すとほんのり原料の香りがする。ボタニカル・ブランデーのミニボトルと同サイズなので、並べると色と香りが再会する。

3月

4月

春の新芽ポスター

ポスターはぶどう、うど、いちじく、ジャカランタ、カレーリーフ、ゼラニウム、ブルーベリーなど春の新芽を並べ、ストラスモアの木炭紙にリソグラフで刷ったもの。格子状の凹凸のあるアートペーパーにリソグラフの風合いがよく合う。リソグラフは mitosaya の隣にある公民館で埃をかぶっていたものを改良した。

第2章　蒸留家見習い、ドイツで修業する

蒸留の仕事は干し草づくりから？

２０１５年9月某日。ぼくは、南ドイツの広大な麦畑で、草を刈っていた。草を刈り、束ねて運ぶ。文字にすると単純だが、束になった草は相当に重く、チクチクと肌を刺し、とても骨が折れる作業だ。クリストフからは、蒸留所で働くのなら長靴と帽子とオーバーオールが必需品だと言われており、なぜ蒸留にオーバーオールが……と不思議だったのだが、確かに干し草づくりには必須なアイテムだ。

干し草がどう蒸留家修業と関係するのか？

答えは、関係ないとも言えるし、関係あるとも言える。

この干し草は、クリストフの蒸留所にいる羊やヤギなどの動物たちの餌となるものだ。ただ動物たちは、蒸留の工程に何ら寄与しているわけではない。クリストフが動物好きなので、単に飼われているというだけ。当然、日本から来たばかりのぼくの頭のなかは、疑問符だらけだ。

——この年の春に「UTRECHT」を辞め、8月にドイツに渡った。干し草づくりでクタクタになりながら、ずいぶん遠くまできたものだと奇妙な感慨にとらわれる。

これから、蒸留家見習いとして3カ月修業をする。なぜ3カ月かというと、ドイツは90日以内の滞在ならビザを取らなくてもよいからだ。

蒸留所の敷地は6haほど。1haが約3000坪で、ちょっとしたサッカー場くらいあることを考えるとかなり広いが、クリストフによると、ドイツで農場をしようとすると、70～80haの広さがあってはじめて経営が成り立つそうだ。6haというのは彼の言葉を借りれば「ばかばかしいほど小さい」のだが、それはすみずみまで目の行き届いたものづくりをするのに適切な広さということでもある。

彼がこの場所に蒸留所を開いたのは、2005年のことだ。敷地は18世紀中頃に建てられた水車小屋付きの畑で、ひどく荒れ果てていた。クリストフは家を修復し、蒸留機はもとより資材置き場や作業道具の収納庫、セラー、ストック出荷場、発酵室、テイスティングルーム、ハーブの保管室やオフィス・ショールームなどさまざまな施設をつくった。クリストフがデザイナーと協働しただけあり、古さのなかにもどこか洗練されたセンスのある改修になっている。

広い果樹園には、実験用の果樹や植物を育てているエリアがある。あちこちで動物がうろうろしているのだが、ラマや孔雀まで飼われていた。ヤギなら残飯を食べたり乳を搾れるとか、羊なら刈った毛を利用するとか人の役に立つことが想像できるが、そういう目的で飼っているわけではないらしい。ただ、「ともにいる」という感じだ。

ぼくがフウフウ言いながらつくっている干し草は、こうした動物の餌となるものだ。動物たちの世話も、ぼくらの生活の一部となった。妻は乳の出ない母親のいる子ヤギに1日2回ミルクをあげるのが日課になった。子どもたちは最初、こうした動物とのふれあいにはしゃいだが、動物側が子どもの相手をしてくれない。戯れてくれるのはせいぜい猫とか鶏くらいで、羊やヤギは近づいてきてくれない。アヒルにいたっては攻撃的ですらあった。

「蒸留していようと、本をつくっていようと関係ない。干し草をつくる時は干し草をつくる時だ」とクリストフは言う。深遠な哲学のようなものを感じるが、どっこいぼくの体は悲鳴をあげそうになっていた。

動物の餌なんてつくっていないで一日も早く蒸留を学びたいという焦燥に駆られるところもないではなかったが、動物との共生も含めた環境そのものがこの蒸留所での生活であり、クリストフのブランデーづくりの根幹をなしていることが、じきにわかってきた。

都会では得られないものを求めて

クリストフはシュツットガルト育ちで、フランクフルトで出版社をやる前は、ニューヨークで写真の勉強をしていたという経歴の持ち主だ。一見、仕事に必要なさそうな動物と共生するなんていう環境づくりは、彼が都会出身だから思いつくことなのだと思う。昔から農業に従事していると、役に立たない動物の世話なんて切り捨ててしまうんじゃないだろうか。

クリストフが出版社を辞めて蒸留家に転身したきっかけの一つに、都会を離れた体験があるようだ。彼は「文化的な活動を都市の中心から離れてもできるかどうかを実験」するため、デンマークの小さな島に家族で引っ越した。

子どもが就学する前に、都市から離れた体験をさせてみたいという思いもあったそうだ。結果、生活も仕事も、もちろん「文化的な活動」も完全に機能することを発見したという。食べものを自分でつくること、動物と暮らすこと、自然と深くつながることの意義を我が子に伝えられただけでなく、彼にとっても人生の展望が大きく変化した体験になったそうだ。

ふたたび、彼のインタビューを引用してみたい。

以前は、フランクフルト中心部のアパートメントに住んでいた。ご存じの通り、そこにはセントラルヒーティングがあり、ゴミは定期的に回収される。そして、その分の賃料を払う。それは自分の欲望、たとえばどのような栄養を摂るかといったことを、考える機会をなくしてしまっている。

畑に来ると、別の生活がある。サラダをつくるにも1～1時間半はかかる。食べものをつくるすべてに関わることになる。土を耕し、種をまき、雑草を取り……。収穫し、食べるまでにはとても時間がかかる。

そのような状況では、文化的で知的な習慣だけではなく、とても平凡な、どのように着るかということや、どのように食べるかという習慣に、多くの時間を費やすことになる。

（中略）

私は、古いこと、古くからの習慣、古くからの製造方法、古くからのクラフトマンシップ、古くからの家の建て方に魅了されている。


彼は単なる懐古主義者でもロマンティストでもない。けっしてヒッピーでもないし、自給自足をよしとする原理的なユートピア思想の持ち主というわけでもない。地方移住をきっかけに農的なことに従事するようになると、これまでの都会での生活を捨て、新しい生活に180度転換するととらえられがちだ。しかしクリストフに関しては、ある程度の切り替えはあったにせよ、これまでの活動の延長線上で蒸留をやっているという印象を受けた。そこも、同じように本の世界で仕事をしてきたぼくは共感するところだ。彼はやりたいこととビジネスをうまくすり合わせており、彼の仕事への向き合い方は、ぼくにとって大きな指針となった。

ドイツ暮らしことはじめ

ぼくらは、敷地内にあるクリストフのゲストハウスに滞在することになった。ドイツで生活するための家財道具一式はクリストフが用意してくれることになったので、3カ月の滞在に必要な最低限の荷物とともに家族4人で渡独した。日本で借りていた家は大家さんに相談してそのままにさせてもらうことにした。

元々このゲストハウスは麦の栽培や精製・製粉をしていた農家の住まいで、蒸留所を開くにあたり、クリストフが母屋とゲストハウスに改修した。母屋には彼の一家が居住し、このゲストハウスはアートブックのライブラリーや親戚・友人の宿泊の場にしていたという。ぼくらは1階を寝食のスペース、2階を仕事部屋に使うことにした。「UTRECHT」を辞めたとはいえ、個人で受けた編集やブックセレクトなどの仕事も引き続きやっていたから、ネット環境が整っているのはありがたかった。

すんなり生活の場をドイツに移すことができたのは、娘2人がまだ幼かったことも大きいだろう。

上の娘は5歳だったので、蒸留所から車で15分ほどのところにある幼稚園に通わせることにした。英語が得意な先生がいたのも、運がよかった。クリストフの奥さんのクリスティーヌさんは、移民にドイツ語を教えるボランティア活動をしていたこともあり、役場に転入届を出すやり方などを事細かに教えてくれたおかげでスムーズに入園できた。

上の娘はシャイで、日本でも幼稚園の友達と口をきかないほど。うまくやっていけるか心配だったが、幼稚園を見学に行ったあと、さっそく知恵熱を出して寝込んでしまった。これは難しいかな……と、妻と顔を見合わせたのだが、本人は「行きたい」と言う。翌日から妻と下の娘が同行し、まず1時間、その次の日は1時間半、さらに次は2時間というように、幼稚園での滞在時間を徐々に延ばしていったのだが、一度も泣いて戻ってくることはなかった。クラスには常に娘を気遣い、手を引っ張るようにして世話をしてくれる面倒見のよいミアという子もいた。互いに言葉は通じないけれども、いつも隣にいてくれるようでありがたかった。

生活のことで言えば、やはり車はあるに越したことはない。

蒸留所に動物の世話をしに来ているパトリックという男の子が車好きで、業者を紹介してもらい、中古のフォルクスワーゲンのポロを買った。これは本当にボロボロでエンストは日常茶飯事。とある夜、スイスからドイツに向けて高速道路を走っている最中に突然エンジンが切れて止まってしまうこともあった。何とか路肩に移動してエンジンがかかるのを待ち、幸いことなきを得た。後日、修理屋にもっていったが、とうとうこの車は直らなかった。

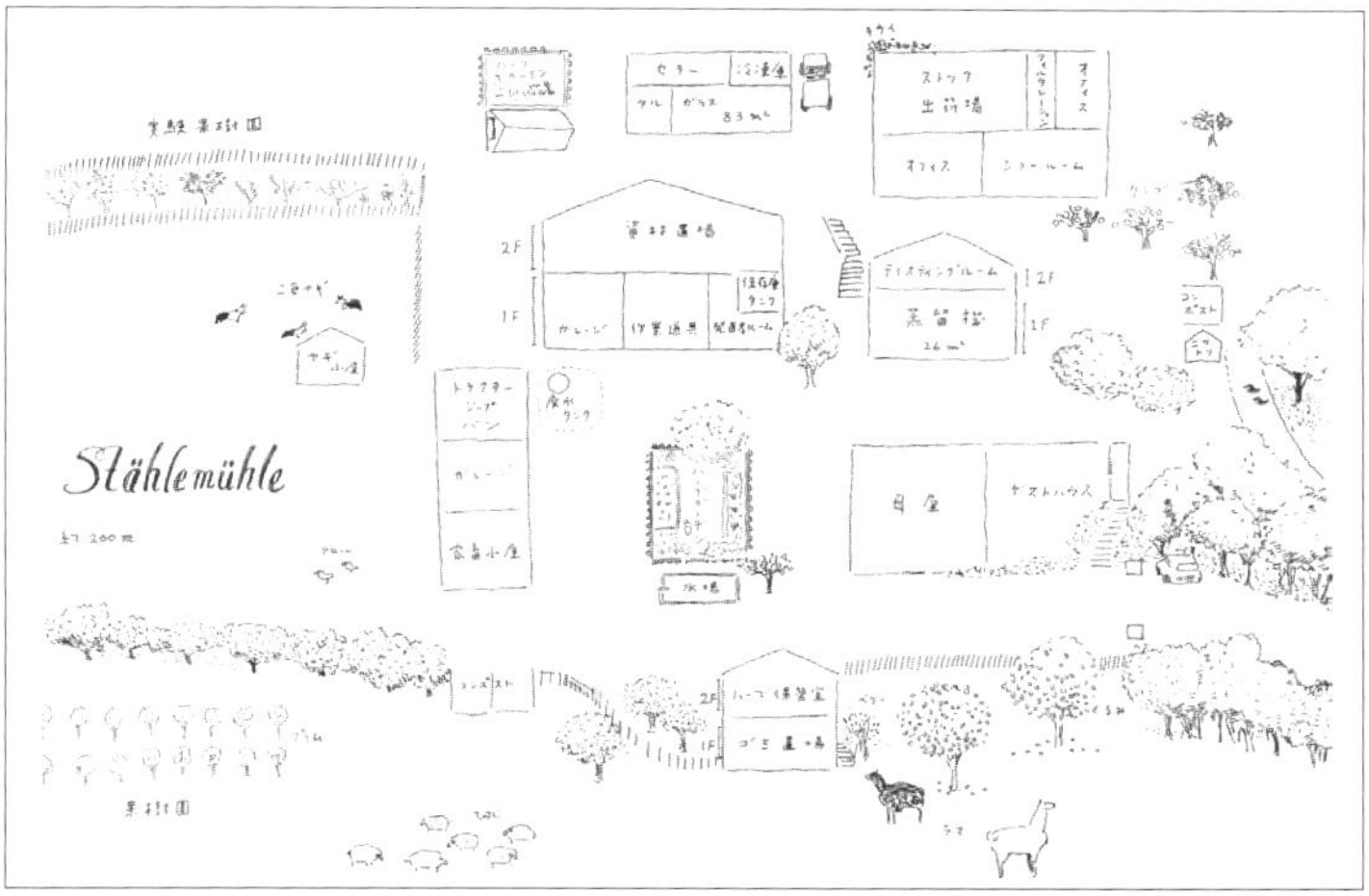

Stählemühle の敷地（画＝山本祐布子）

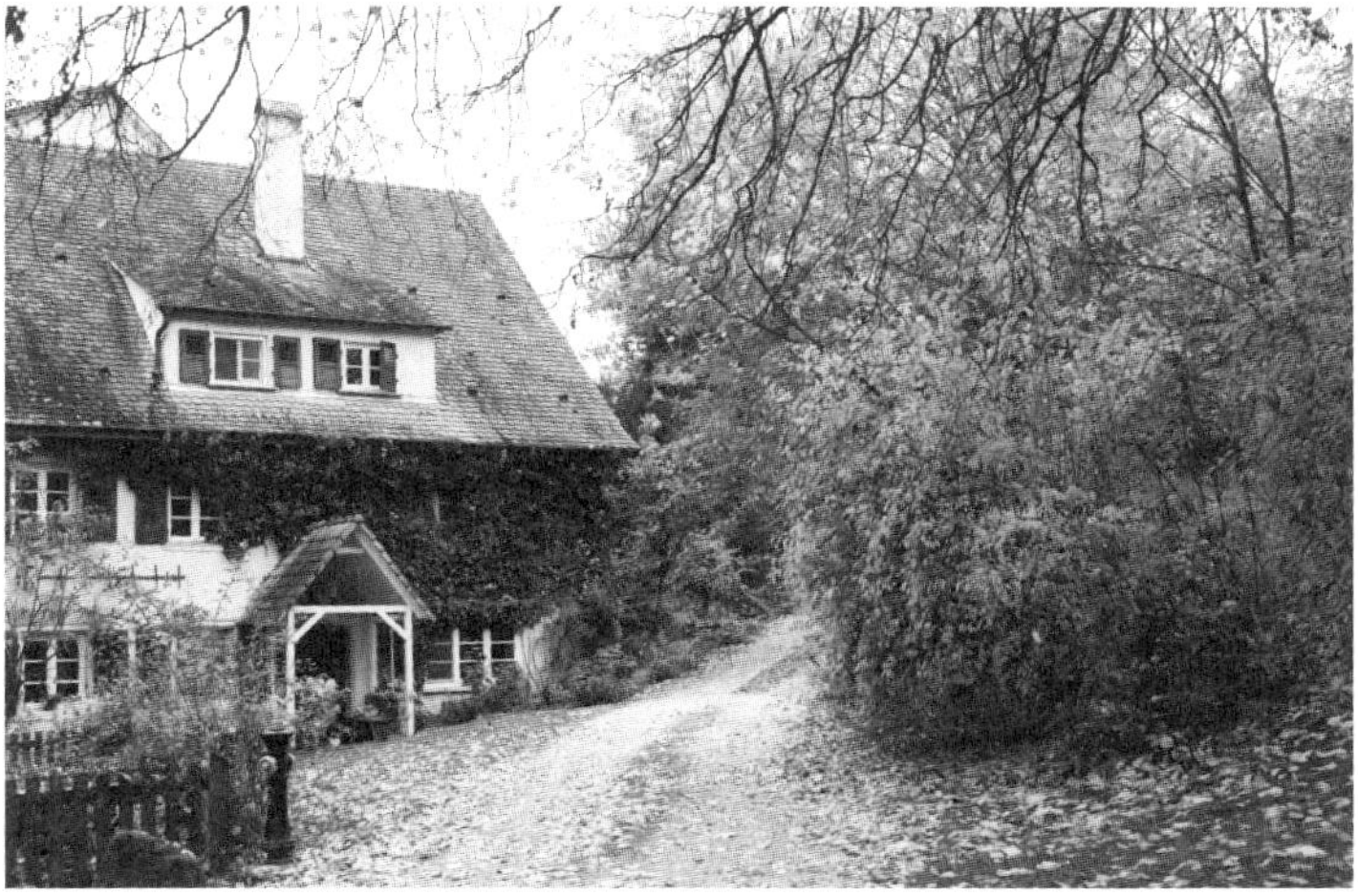

母屋

ドイツではマニュアル車が一般的で、オートマティックの車を中古で買おうとするとたいがいこんな具合らしい。ドイツで留学なり修業なりを考えている人は、肝に銘じておいたほうがいいかもしれない。

大工仕事、羊の爪切り、何でもやります

さて、ぼくも干し草づくりだけに奮闘していたわけではない。蒸留所での生活を紹介しよう。朝は5時に起き、家族と朝食をとって娘たちを送り出してから、日本でやっていた仕事の続きをこなす。蒸留所にスタッフたちがくるのは8時頃なので、見習いのぼくは、その前には行っている。時間になると、蒸留担当のオティ、出荷作業と植物の手入れをするゾニア、動物の世話をするパトリックが、また繁忙期には地元のジュリアンが手伝いに来る。

まず掃除をして、ルーティーンの仕事に取りかかる。また、今日はあそこの小屋を直そうとか、羊の爪を切ろうとか、その都度、何かしらの作業が発生する。会話はドイツ語のできないぼくにあわせてもらい、基本的に英語で。オティにはクリストフに代わって現場の作業をよく教えてもらったが、彼はルーマニア人で英語を話すのはあまり得意ではない。けれども聞けば、何を言っているかはわかるとのこと。なので彼がドイツ語で話したのを、ぼくが英語で聞き返

し、またドイツ語で説明をするというローテーションに。具体的な機械や材料が目の前にあるので、何となく理解できるものだ。

ちなみに羊の爪を切るのはかなりの重労働だ。「ホーイホーイ」と声をかけながら二十数匹からなる羊の群れを追い込んで小屋に入れるのだが、この時点ですでに挫《くじ》けそうになる。必ずズル賢いやつがいて逃げ出すのだが、そうすると最初からやり直しになる。スタッフたちは鬼気迫るほどに真剣で、とてもじゃないが「ホーイホーイって何の意味?」なんて聞けやしない。

何とか小屋に入れ終えると、羊を羽交い締めにしてひっくり返す。大半はこうされると大人しくなるのだが、暴れるやつは悪魔のように暴れる。ぼくは体格のいいヤギに蹴られて吹っ飛びそうになった。そしてようやく爪切りなのだが、成長したヤギの爪は石のように硬く、蹄《ひづめ》との区別がよくわからない。うっかり深爪すると出血する。ようやく全頭爪を切り終わった頃には、全員がクタクタに疲れ果てていた。ぼくは最初、「クリストフのネイル・サロンだね」なんて軽口を叩いていたが、彼が「一年のなかで最悪の仕事だよ」と言うだけあって体力的にかなりこたえた。これが春・秋と年に2回あるそうだ。動物との共生は、なかなかにハードだ。

暴れる羊を押さえつけ、2人がかりで爪切りをする

蒸留所で飼われているラマたち。シュールな光景

ブランデーづくりは果実の収穫からはじまる

肝心の蒸留のほうだが、ぼくの見習い期間は果樹が実をつける秋口にかかっていたので、収穫が大切な仕事だった。ブランデーの原料は、りんごや梨、ぶどうがよく知られているが、柑橘類やプラム、ベリー類からもつくられる。クリストフはこうした一般的に手に入れやすい果実は、近隣の農家で調達をしていた。

エルダーベリーの一種は近所の農家と交渉したが、結局そこの家でジュースにしたいということで、ご破算になった。ぶどうはこのあたりの農家では育てているというより、外壁に這《は》わせているのが常で、脚立を立てかけて採らせてもらい、家主に代金を払っていた。

牧場ではりんごを巡り、牛と熾烈《しれつ》な争いを繰り広げたことも。近くのゴルフ場でローワンベリー（和名はセイヨウナナカマド）を300kg近く収穫した日もあったし、コンスタンス湖の近くの果樹園では梨を採らせてもらう代わりに下草の刈り込みを行った。梨は1カ月かけて、計7・5tほど収穫した。

梨の収穫は蜂との戦いだ。やわらかいので地面に落ちるとすぐに傷み、蜂が群がってくる。初めての時はかなり刺されてしまったので、作業後、たまらず薬局に駆け込んだのだが、スタッフに打ちあけたところ、そのくらいで薬局に行くなんて、と笑われてしまった。以来、梨をもぐ時は手袋をして刺されても我慢するようにした。

自生しているものは、野山や近隣に場所を探り当てて採りに行く。クリストフはこういう野生種を素材として重要視しており、蒸留所のスタッフは、どこで何が育っているかを事細かに把握していた。収穫のタイミングを見計らい、ジープに乗ってパトロールに行く。ドイツでは「宝物のチェリー」と呼ばれている野生のさくらんぼは、近くの道路沿いで収穫したのだが、しばしば「何をしてるんだ」と呼び止められたり、道を尋ねられたりしたものだ。

クリストフは、収穫から酒造までを自分の果樹園内で完結させようとは考えていない。ただ、流通している均一な大量生産品は使わないというポリシーがある。人が手をかけたものや野生種のほうが、味に深みや繊細さが出るという考えだ。そしてこうした方法で入手できない植物を、蒸留所の果樹園やハーブガーデンで育てている。

エルダーベリーなどの野生種、ナッツ、ハーブ類も原料になる。クリストフはこれらの果樹、野菜、ハーブで200種以上の蒸留酒をつくってきた。原料の組み合わせに加え、香りやハーブをブレンドしたものや熟成方法を変えたものをあわせると、実に600種を試作したそうだ。

さて、果実を収穫したら蒸留所に戻り、洗いながら傷んでいるものを選りわける。種類に応じて処理が異なり、ぶどうやエルダーベリーなどは枝から実を外してから、りんごや梨は皮を剝かずに丸ごと機械（マッシャー）にかけて細かく砕く。

収穫した梨をマッシャーにかけるオティ

産毛の生えたカリンのような果樹やマルメロは、近所から持ち込まれた分と購入分をあわせ、約3tを加工した。果汁が少ないので、黄色く完熟しているものは実ごと粉砕、まだ黄緑色のものはジュースにすべく果実の色で仕分けをする。

その後、高圧洗浄機で汚れをとるとともに、実の表面に生えた産毛も洗い流す。産毛は脂肪分を含んでいて味に影響を及ぼすからだ。そして1tのマルメロを近所の工場に持ち込み、加工ラインの空き時間を利用してジュースにしてもらう。果肉の滓《かす》や皮は持ち帰って肥料にする。残り2tは蒸留所で自力粉砕。匂いが強いので、通常使っている機械ではなく旧型のものを使うのだが、マルメロの果肉は硬く、しばしば機械が動かなくなってしまう。何とか作業を終えるとジュースとあわせて発酵させる。

ローワンベリーの鈴なりについた小さな赤い実は、樽の上に金網を取り付けた特製の外し台を使った。金網に枝を押さえつけながらスライドさせると、実がポロポロと樽のなかに落ちるという仕組みだ。実は硬く、しっかりと枝についているので、すべて外すのにスタッフと二人で半日がかりになった。ブドウやベリー類などやわらかい実は、取り外す際に潰れてしまいがちで、終わる頃には手が紫や赤に染まってしまう。石鹸で洗ってもなかなか落ちないのだが、「蒸留家の手（distillers' hand)」と呼ばれ、仲間内で歓迎される。

取り外した実は、ハンドミキサーで細かく潰す。ハンドミキサーといっても料理に使うよう

160kg の樽に翻弄される蒸留家見習い

なものではなく、はたから見ているとも、道路工事でもやっているようにも見えかねないほどだ。実の大きさや硬さによって、機械の種類を使い分けることもある。一気に粉砕されると実に含まれていた成分が飛散し、あたりに芳香が立ちのぼる。見た目はグチャグチャだが、爽快な瞬間だ。

蒸留の前段階、発酵原液を仕込む

こうして準備が整うと、潰した果実に酵母を加え、粉砕に使ったのとはまた別種の巨大なハンドミキサーで攪拌《かくはん》する。酵母の量や種類は、全体量と糖度、気温によって、その都度調整する。そして糖度計で糖度を測り、発酵時間の見当をつけたら温度調整をした倉庫に入れて発酵。糖分がアルコールに変わるまで数週間から1カ月かかる。発酵期間は果実や植物によってそれぞれだ。この発酵期間中は、数日おきに発酵樽のなかをかき混ぜてチェックをする。

発酵は、蒸留の前段階だ。クリストフは、こうも言う。

「Distillery is just a proof.」

つまり、「蒸留は答え合わせ」ということだ。いいお酒ができるかどうかは、その前の段階で決まる。蒸留にかかる前の作業は、とても大事だ。

ベースとなる味は、容器の種類や熟成期間によって変わってくる。スピリッツ（ドイツでは「ガイスト」という）もブランデーも、ウイスキーやラムやテキーラと同じく蒸留酒という区分だが、もととなる発酵原液のつくり方からして異なる。たとえばジンは、醸造用アルコールにスパイスやハーブを漬け込んで香りや風味を抽出する。これに対して、ブランデーは果実を発酵させたものをつくり、それを蒸留して度数や香り成分を高めるので手間が違う。そのせいか日本には、じつはブランデーに特化して生産している会社はほぼないに等しい。つまりはマーケットがないということだけれども、ポジティブに考えれば、ぼくのような新参者でも参入しやすいということだ。

アブサン（薬草などを使ってつくるアルコール度の高いリキュール）のために、ニガヨモギの仕込みをした日もあった。ニガヨモギは蒸留所のハーブガーデンで育てられており、ぼくが来る前にすでに摘まれ、倉庫に保管されていた。干して完全に乾いたら、クリストフの自宅リビングに運ぶ。ほかの材料は蒸留所の前に置いておくのだが、ニガヨモギほかハーブ類は彼の一家の仕事で、家族総出で取りかかるのだ。

アブサンには、ほかにハーブガーデンで育てていたヒソップ、フェンネルを使う。さらに仕入れたアニス、コリアンダーシード、ジュニパーなども。これらを配合表に基づいて計量し、グラインダーで粉砕する。グラインダーは家庭用に毛が生えたようなやつなので、パワーが足りない。油分の多いジュニパーや、元々細かいフェンネルの実はすぐに詰まってしまうので、粗さを調整しながら根気よく粉砕していく。この配合表は、19世紀のレシピをもとにクリストフが編み出したもの。ハーブやスパイスの質、また香りの強さに応じておのおのの分量が細かく決められており、抽出時間も原料ごとに変えているそうだ。

ぼくがグラインダーを操作する傍らで、クリストフの家族がスパイスの計量をしたり、ニガヨモギを茎と葉に仕分けしている。部屋中がハーブやスパイスの香りで満たされ、精気がみなぎってくる。すべて粉砕し終えると、しばらく寝かせてから蒸留し、最後にもう一度ニガヨモギを蒸留したスピリッツに漬ける。じつに手間と時間をかけているわけだが、目に見える規模でやっているからこそ貫けるこだわりだ。

蒸留修業は見よう見まね

蒸留の作業を手伝わせてもらえるようになったのは、しばらく経ってからのことだった。手取り足取り教えてもらえるわけではない。クリストフがふだん通りに作業しているのをアシストしながら写真を撮らせてもらったり、疑問に思ったことをその都度質問して教えてもらったり。

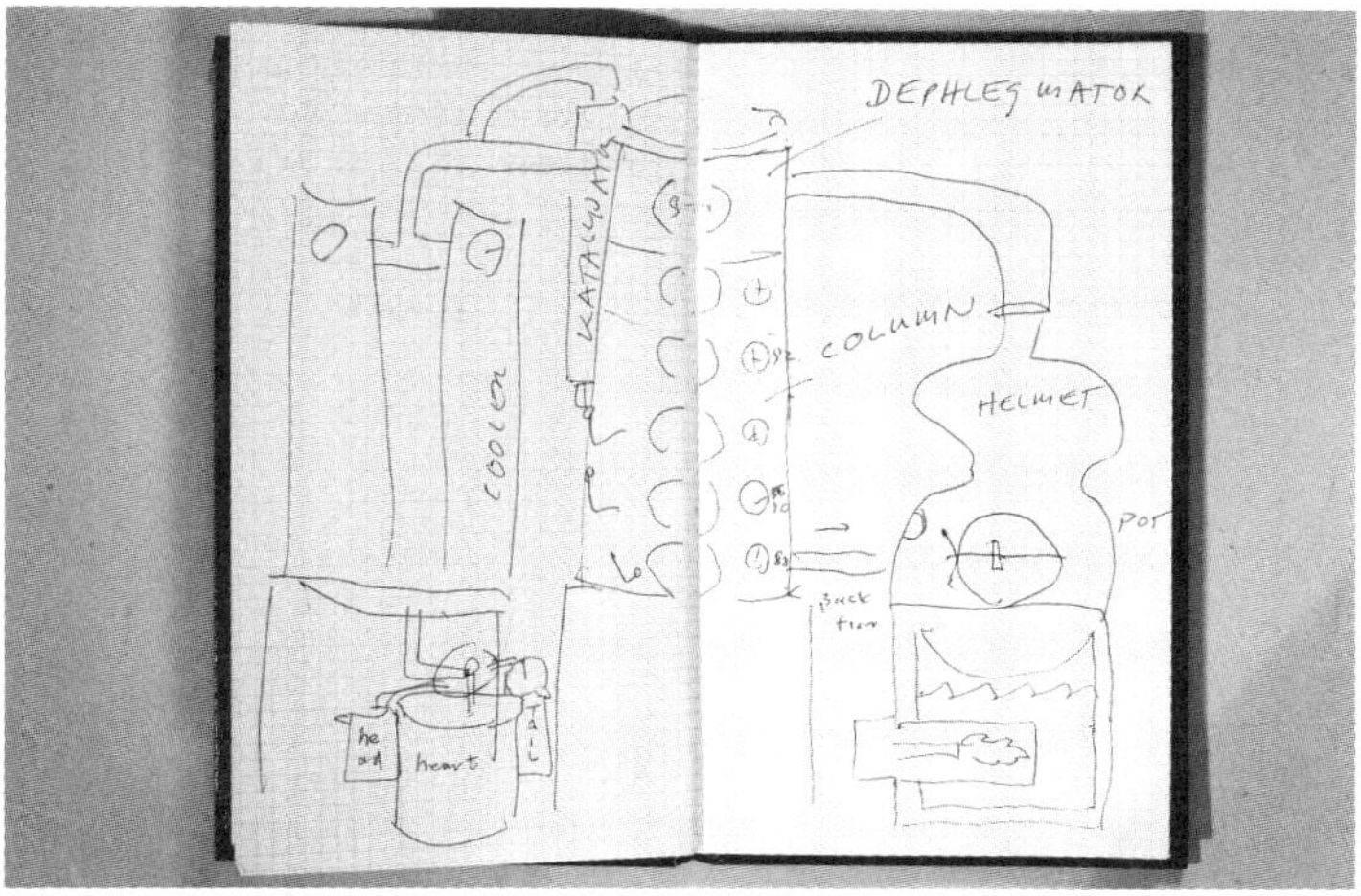

蒸留から濾過までの流れのメモ

蒸留機の操作自体も、メーカーなどによってケースバイケースだ。なので、最低限これだけ押さえておけばよいというマニュアルもない。

蒸留は基本的にシンプルな技術だ。クリストフのところにある蒸留機は、冷却塔がジン用とブランデー用の二つに枝別れしている贅沢なもので、配管やレバーがたくさんあるため複雑そうに見えるが、原理はぼくが日本で買ったおもちゃの蒸留機と同じ。液体を加熱、そしてできた湯気を冷却する。そのあと、濾過作業と加水（希釈）処理を行いアルコール度数を調整する。

実際にプラムを例に、ブランデーづくりの工程を追ってみよう。

プラム１ｔは１カ月前に粉砕され、酵母を加えて発酵済み。液量にして９００ℓある。樽の蓋を開けるとすでにプラムの熟したようなアルコールの香りが漂ってくる。糖分がアルコール発酵したためだ。糖分の約半分がアルコールになる。たとえば15度の糖度であれば約7度のアルコール度数が期待できる。また発酵を終えたことで滓ができ、表面に層をなしている。滓は取り除かずにこの蒸留原液を攪拌し、蒸留器のポット（釜）に入れる。

蒸留器のポットは１５０ℓと小さいので、５～6回にわけて１日で蒸留する。１回蒸留器をまわすのに約2時間、朝からはじめても1日でできるのは4～5回だ。蒸留機を稼働させたあとの掃除も大変で、薬剤を入れた液体でもう一度蒸留を行う。

あらためて、蒸留機の説明をしよう。クリストフの蒸留所には、ドイツ Arnold Holstein 社製の美しい銅製の連続蒸留機が設置されている。構造からデザインまでクリストフがアイディアを出して製作したものだ。

蒸留の手法には単式蒸留と連続蒸留がある。単式蒸留器は、蒸留に使うフラスコが巨大になったようなものだ。蒸留器に入れた材料分だけが蒸留される、伝統的なやり方だ。対して連続蒸留機というのは19世紀くらいにできた手法で、その内部で単式蒸留を繰り返し行うことで、単式蒸留に比べてアルコール分の高い酒を効率よくつくることができる。

クリストフのところの蒸留機は、大きく分けて三つの構成要素に分けることができる。蒸留釜、棚段式蒸留塔（これには小さな充塡塔がついている）、そして冷却塔だ。蒸留釜に蒸留原液を投入すると熱せられて、アルコール分を含んだ蒸気が棚段式蒸留塔に送られる。ポットの温度は10分ごとに1℃上がるようプログラミングされている。この時は直火《じかび》でなく、湯煎《ゆせん》により温度を上げる。直火だと蒸留原液に含まれる固形物が焦げてしまうからだ。湯煎に使った水は、蒸留後に機械を洗浄するために使われる。

蒸留釜の上段には、香りづけをする材料をセットできるバスケットのようなザルがある（このザルを使わないこともある）。蒸留釜のなかでは絶え間なく攪拌が行われ、温度の上昇に従ってアルコール分が蒸気になり、棚段式蒸留塔に移動する。

棚段式蒸留塔は、文字通り内部に上下5段の棚が設けられた蒸留塔だ。それぞれの段が、一

美しい銅製の蒸留機

つの単式の蒸留装置になっている。棚板には穴が開けられており、熱せられて軽くなった蒸気はこの穴を通じて下から上に上がっていく。一方で棚板に溜まった蒸留液は、棚の縁から下の段に下りていく。この蒸留液は再度蒸留され、一定量以上の液が溜まると蒸留釜に戻っていく。棚5段はすべて使われるわけではなく、フルーツ・ブランデーの場合は3段ほどだ。蒸留を繰り返すほどアルコール度数は高まるが、アルコール分以外に失われてしまうものもある。元の素材によってどこまで蒸留すればよいかも異なる。その塩梅《あんばい》は、自分で実験を重ねながら学んでいくしかない。

蒸留作業を行う日は、一同が緊張し、どこかピリピリしたムードのもとで行われる。先に述べたように蒸留自体はプログラミングされているのに、なぜ緊張するのだろう。それは、いままで仕込んできたものの答えが明らかになり、うまくいってもいかなくても後戻りはできないということもある。また、ドイツの税法とも関係がある。

ドイツでは、クリストフのところのように年間生産量が少ない蒸留所だと、蒸留前に、量や回数を税務署に申告しなければならない。そして、申請した量に応じて生産するアルコール量と税額が決まり、蒸留の許可とともに税金の請求書が送られてくる。なので蒸留がうまくいかなくても、税金は払わなければならない。何が何でも失敗するわけにはいかないので、空気が張り詰めるのももっともだ。

ブランデーの決め手は蒸留液の「ボディ」

棚段式蒸留塔を上った蒸留液は、蒸留塔の背後に取り付く充填塔に移動する。ここで最後の香りづけをすることもある。

そして冷却塔で蒸気が冷却され、無色透明の蒸留液が口から出てくる。プラムの甘酸っぱい香りに蒸留所が満たされる。この蒸留液は初留（ヘッド）、中留（ボディ）、後留（テイル）という三段階に分類される。第一回目の蒸留で使った蒸留原液140ℓに対して、できたヘッドは0・4ℓ、ボディは8・9ℓ、テイルは6・8ℓ。ボタニカル・ブランデーに使われるのは真ん中のボディの部分だ。ボディは「ハート」とも呼ばれ、アルコール度数はスタート時に80度を超えることもある。ヘッドにくらべると、すっきりと上品な香り。口にするとプラムの成分を十分に感じることができる。もちろん、蒸留したてのものはまだ刺激が強い。ここから時間をおいて落ち着かせ、香りも味もまろやかになる。

ヘッドはメチルアルコールなど人体に有害なものを含むことがあり、飲用には使わないが、精油成分を多く含む。蒸留に再使用したり、エッセンシャルオイルにすることもある。テイルはアルコール度数にして20〜30度、量は数ℓから10ℓほどだ。貯めておいて何回分かを集めると

1回蒸留機を動かせる量になる。ぼくがいた時は、1年間で集めたテイルをまとめて再蒸留していた。

テイルといえども純度は高く、たとえば複数のベリーをまとめて蒸留すると、ベリーのキュベということになる。ちなみにテイルを再蒸留にかけても、そこからさらにテイルが出る。残りの残り、というわけだ。もうお役御免かと思いきや、クリストフはこれを集めてまた蒸留をしていた。アルコールの純度を高め、10種類以上のハーブを漬けると、日焼けや虫刺されに効く万能ローションのできあがり、というわけだ。

美しい銅だけが良質なブランデーをつくる

精油成分を多く含む柑橘類などは、このあとにフィルトレーションと呼ばれる濾過作業と加水による希釈作業を行う。ボディはすぐにフィルトレーションをするわけではない。数週間セラーで寝かし、成分を安定させてからの作業になる。濾過に適した温度は2～4℃。作業をしたのは冬だったので、外にも一晩タンクを置き、液温を冷ますこともあった。アルコール分が高いので、凍る心配はない。果実が油分を多く含むものだと、表面に油分が浮いているので、そこから液体を取り出すようにする。

濾過は機械を使う場合と手作業の場合とがある。機械ではフィルターをセットし、できるだけゆっくり濾過できるよう、圧力をかけて流量を調整する。透明の蒸留液がホースからタンクに注がれる。

手作業で行うのは、アブサンやリキュールなどの糖分を含むもの。巨大なドリッパーと濾紙を使う。濾紙は一見すべて同じように見えるが、目の粗さが異なるものが数種類ある。このリキュールは多少濁りがあってもよい、といったふうに濾過前と濾過後の状態をイメージしながら選ぶようだ。ただしいずれにせよ、非常に時間がかかる。目詰まりしないよう濾紙を交換するタイミングの見極めも難しい。

希釈作業（ディリューション）は数学の苦手なぼくにはなかなかにやっかいだ。作業自体よりも、加水量の計算が、である。まずアルコール度数を計測するのだが、この時に計測できるのは、容量に対する度数になる。これを一旦20℃の時の度数に変換し（単位はvol）、さらにこれを20℃の時の重量（単位はmas）に変換する。変換には、辞書のようにびっしりと細かく数字が書き込まれた参照表を引く。アルコールの度数や温度ごとに、20℃の時の重量が引けるようになっている。

重量がわかったら、想定度数にするための加水量を計算する。実際の作業は、フィルトレーションしたボディと水を一晩同じ部屋に置いて、温度を揃えてから行う。水はミネラルやカル

フィルトレーションと呼ばれる濾過作業

このように巨大な濾紙でアナログに濾すこともある

シウムができるだけ入っていない軟水を使い、ゆっくりとボディに加えていく。軟水を使う理由は、余計な味をつけないということと、冷却時に白濁するのを防ぐという目的があるようだ。クリストフのところでは、手に入る時期は雪解け水を、入らない時は「黒い森」で採水したミネラルウォーターを使っている。最後にアルコール度数を計測し、誤差がプラスマイナス0・2度の範囲内に収まっていれば完了。

最後は掃除。湯煎に使った水を機械全体に流して水洗いをする。蒸留釜の内部は手で洗い、見た目はもちろん匂いについても念入りに確認をする。クリストフは「美しい銅だけが良質なブランデーをつくることができる（Only Bright Copper Makes a Good Spirit）」と口癖のように言う。銅は、蒸留釜の内側や蒸留液の通り道になる管に使われる。蒸留機を一回まわすよりも、掃除にかけている時間のほうが長いことを考えると、蒸留における掃除の大切さがうかがい知れる。

蒸留にまつわる作業はこれで終わり。さて、こうしてできたブランデーは、何ℓになるだろう？

プラムのボディのアルコール度数は84度。商品の度数は43度程度なので、約2倍に希釈する。ボディは8・4ℓなので、希釈したブランデーは15ℓ弱。つまりは140ℓの原液から商品として流通する量は10分の1程度なのだ。140ℓのプラム原液のために使った実は155kg。1瓶の容量は350㎖なので、1本あたり3kg以上のプラムが使われていることになる。何とも贅沢なことだ。

蒸留機を1回稼働させてつくれるのは、せいぜい60本ほどで、同じタイミングで仕込みをすることを考えると、一銘柄は2000本が限度だ。自分で蒸留所を開くことを想定すると、ブラッドオレンジなど安定したニーズのある柑橘系のブランデーはつくりたいと思った。

ちなみに蒸留機を稼働させるために必要な発酵原液は、数十ℓからでも大丈夫だ。なので、キウイがまとまって収穫できたので仕込んでみようか、などさまざまな原料を試せるのが楽しいところだ。安定して同じ味を出せるものもあれば、時どきで変わるものもある。やればやるほど、ぼくは発酵と蒸留の奥深さに引き込まれていった。

蒸留にまつわる作業のかたわら、注文に応じてその日に出荷する商品を梱包したり、展示会で接客の手伝いもした。接客になれたスタッフのジュリアンは、お客さんとの会話にちょっとした冗談を挟んでみたり、団体が来たらブラインドで試飲させて銘柄を当てさせてみたり。人の興味をくすぐるテクニックというものがあるようだ。

蒸留所での仕事が終わったあとは、毎晩のように、クリストフのブランデーをテイスティングした。蒸留所にあるものは何でも飲んでいいよ、とも言われていたのだ。口にしては、感じたことをノートに書き留める。フレーバーホイールというお酒の香味を体系的に分類したチャートがあり、それと首っ引きになりながらメモをとったり。

こんなふうに、ぼくは蒸留を学んでいった。

ヒロシ、修業なんかしている場合じゃないよ

「これから、ヒロシはどうするんだ?」

あっという間に3カ月が過ぎ、クリストフにこう訊かれた。

これだけの期間ではまだわからないことも多く、もっと勉強しないと自分で蒸留所を構える自信がもてなかったので、「もう少しここで修業したい」とクリストフに伝えたところ、

「ダメだよ、ヒロシ。自分で蒸留所を開きたいのなら、ここで修業なんかしている場合じゃない。日本に戻るべきだ」

「そうかなあ。けどぼくは、まだ勉強しだしたばかりだし」

「いや、一日も早く自分で何かをはじめたほうがいいよ」

結局、クリストフからどのフルーツがブランデーに向くとか、配合の割合とか、具体的なアドバイスはほとんどなかった。けれどもそれはクリストフが不親切というわけではなく、蒸留ってそういうもの、っていうことに尽きるからだと思う。

蒸留は経験がすべてだ。その時どきの原料の状態や気候、土地の環境に大きく影響される。

つまり、蒸留は人間が完全に支配下に置くことのできない自然そのもの。蒸留酒、とりわけフルーツ・ブランデーは、トライアル・アンド・エラーの先にある産物なのだ。日本酒のように、最適な原料はこの品種の米で、それを何時間、何℃で発酵させるというセオリーはない。ただ蒸留酒のある意味とらえどころのなさが、ぼくの性格には向いていると思った。

クリストフはまったくアドバイスをくれなかったわけではない。むしろ、ぼくがこの先どうやっていくか、親身になって考えてくれた。ことあるごとに「蒸留家の仕事は、お金がかかる割に儲からないよ」とも、忠告してくれた。そして、それでも蒸留家になりたいのなら、ビジネスパートナーを探さなければ、ということも。

彼のアドバイスでためになったのは、自分がいちばんやりたいことをA案とすると、代替となるB案も用意しておいたほうがいい、ということだ。彼は蒸留所をはじめるにあたり出版社の代表は辞めたものの、仕事が軌道に乗るまで、編集デザインの仕事を並行してやっていた。「蒸留だけで食べていけるようになるまで、10年かかったよ」という彼の言葉は、あらためて自然を相手にするものづくりの困難さを浮き彫りにする。

この段階でぼくは、100%の蒸留家になることがA案なら、いままで通り編集やブックセレクトなどの業務を行いつつ蒸留も行う、というB案を想定して、AとBの間のいい場所を探そうと思っていた。

これまで身についた仕事も続けながら新しいことをやるほうが気持ち的にも安心する。家族もいるから生活の担保、ということもある。こういうぼくのスタンスは、性格的なものもあるし、知らずしらずのうちにクリストフに影響を受けたからなのかもしれない。

いずれにせよ、これ以上滞在を長引かせるとビザの取得にも関係してくるので、一旦帰国しなければならないことはわかっていた。なので、また修業に来るからと約束を取り付け、ひとまずぼくらは日本に戻ることにした。

幼稚園に通っていた上の娘はお別れの日に、クラスのみんなからだよ、と手紙や絵の入った大きなファイルをもらっていた。いちばん仲良くしていたミアは、ずっと後ろを向いて泣いていて、最後までさよならを言ってくれなかったらしい。

夢だけでは蒸留所はつくれない

帰国してぼくが取り掛かったのは、クリストフの「Stählemühle」を輸入販売する準備だった。いきなり自分で蒸留所をはじめるのはさすがにまだ時期尚早なので、まずはフルーツ・ブランデーというものを日本で知ってもらうためにイベントをやろうと考えたのだ。もう一つ思惑があって、蒸留所を開くための場所もイベントで訪れる土地で探そうと計画した。そしてクリストフからの、もう一つのアドバイス——ビジネスパートナーを見つけることだ。

蒸留所を開くにあたって、多く人の力を借りねばならないことはわかっていた。ビジネスパートナーだけではなく、植物や材料の調達などさまざまな場面で専門的な知識が必要になるだろう。いずれ売り出すプロダクトのパッケージやウェブサイトのデザインをしてくれる人も必要だ。それに、何といっても蒸留所の建設には建築家がいなくてははじまらない。

ぼくがこれまでやっていた本屋の仕事というのは、たくさんの人に助けられてきたことではあるけれども、やろうと思えば自分一人で切り盛りができた。蒸留所では、ものごとを進めていくのも最終的に責任を負うのもぼくであることには変わりはないのだが、各分野の専門家の力を仰ぐ必要がある。

まずいちばん大事なお金のこと。クリストフが口を酸っぱくして言っていた、ビジネスパートナーだ。これには頭を抱えた。というのも、ぼくがふだんつきあっているのは、美的センスは優れていても、ビジネスというと、残念ながら首を捻らざるをえない人ばかりだからだ。もっともこれは、ぼく自身にもあてはまることなのだけれども。

思い出したのが、カフェを中心に飲食業のプロデュースを行う株式会社WATの代表・石渡康嗣さん。サードウェーブコーヒーの旗手となった「ブルーボトルコーヒー」の日本上陸を牽引《けんいん》した人で、歳はぼくより一つ下。友人宅のパーティで一度会っただけの関係だけれど、ともかく連絡をとって話を聞いてもらったところ、見た目や売れる売れないではない、ものづくりの本質的なことを志向している人だと強い感銘を受けた。

彼自身もいままでのプロデュース業だけでなく、自分の体を使って何かをつくっていきたいと思っていたタイミングで、ぼくがこれからやろうとすることにも共感してくれた。いっしょにやっていくのなら、ビジネスセンスは抜群でも、ぼくがやろうとしていることに対して感覚的に共有できるものがない人だと難しいだろうと思っていたが、石渡さんはその点も安心してともに歩んでいける人だ。

石渡さんの紹介で、埼玉・川越を拠点にクラフトビールづくりを行う「コエドブルワリー」代表の朝霧重治さんも手伝ってくれることになった。酒造についての知識はもちろん、蒸留所の施設づくりに関して経験ももつ強力な助っ人だ。

朝霧さんのことは前から知っていたが、会って話をしてみたら、じつは朝霧さんが代表になる以前にフルーツ・ブランデーをつくろうとドイツから機材一式を輸入したことがあるとのこと。残念ながらさまざまな事情で断念してしまったそうだけど、その蒸留機を譲ってもらえることになった。

「Stählemühle」の告知サイトやリーフレット類は、長年つきあいのあるデザイナーの谷戸正樹さんに。「Stählemühle」だけでなくいずれ蒸留所でも、ウェブサイトなどをお願いできればと考えていた。

また、古くからのつきあいになるデザイン事務所TAKAIYAMA inc.の山野英之さんには、蒸留所のロゴデザインなどを。

そして蒸留所の設計。これは建築家の中山英之さん（奇しくも二人とも同じ名前だ）にお願いしようと思った。

蒸留所の設計というのは、計画の要でもある。

蒸留所はブランデーづくりの拠点であるだけでなく、このプロジェクトすべてを内包するものだ。ぼくはクリストフのように蒸留所の敷地内に住むことを考えていたから、家族が過ごす居場所もつくってもらう必要がある。

中山さんは、ぼくと同い年。建築家としての活動はもちろん、東京藝術大学で教鞭もとっている。建築を通して語られる彼の思考やアイディアが本当に素晴らしい。

彼とは、ある地方都市の図書館をつくるプロジェクトでいっしょになったことがあり、気心も知れ、建築家だからというよりまず一個人としてすごく好きな人だ。確固たる美意識をもっており、演繹《えんえき》的な思考プロセスの結果として建築をつくるのではなく、まず揺るぎない美意識があって、そこから建築が生まれ出るというスタンスだ。そうした独自の表現力をもつ人と、いっしょに何かをつくってみたい。中山さんは、そんなふうに思わせる建築家なのだ。

ブランデーを取り巻く日本の法律

場所探しはネット検索などで進めつつも、クリストフの「Stählemühle」のブランデーをテイスティングできるイベントをいくつか開催した。

イベントにあたっては、クリストフのボタニカル・ブランデーを輸入する必要があった。そして販売に際しては酒販免許を取得しなければならない。経験なしに取るのは難しいようだが、書類さえきちんと用意できれば条件付きで許可してもらえる。ぼくの場合は、輸入酒と通信販売に限る、という条件付きで許可が下りた。免許取得を代行してくれる行政書士もいるようだが、結局書類を用意するのは自分だ。税務署に間違いを指摘してもらって直すほうがいいだろうと、業者には頼まなかった。

今回、輸入するのは12種類。厚生労働省からうち8種類について、メタノール含有量の検査をするように指示が出た。

メタノールというのは、アルコール系溶剤の一種だ。これがなぜ果実由来のブランデーに含まれているのか。それは原料となる果実類がペクチンを含むことと関係する。ペクチンは細胞と細胞を結びつける多糖類で、水溶性繊維の一種だ。果物でつくるジャムがトロッとしているのは、このペクチンと砂糖と加熱がおりなす化学反応によるものだ。

ペクチンはその発酵過程でメトキシン基が酵素と作用するのだが、これによって生成されるのがメタノールだ。ごく微量だが、蒸留を経ることで、アルコール分と同じくメタノールの濃度が高まる。ブドウを原料とするワインにもメタノールは含まれているのだが、量が多くないので問題にはならない。日本の食品衛生法が定めるところによる規制値は、1㎎／㎤（1000ppm／0・1％）という値だ。

ドイツでは果実ごとに規制値が異なり、さくらんぼは10㎎／㎤、バートレットという西洋梨は13・5㎎／㎤。日本の10～14倍ほど許容値があることを考えれば、いかに日本の基準が厳しいかうかがい知れるだろう。

さて、クリストフのブランデーは……、8種類のうち4種類がわずかながら日本の規制値を超えてしまった！

しかし、だからといって流通できないわけではない。飲用ではなく「製菓用原料に限る」という分類ならば、問題なく輸入ができる。日本で流通しているグラッパのラベルに「用途：製菓用原料に限る」と記載されていることがあるのは、こういう理由によるものだ。この時は厚生労働省に誓約書を書き、ラベルを修正してようやく輸入が認められた。

人との出会いという大きな収穫

イベントでは、バーテンダーに入ってもらいカクテルとしてお客さんに味わってもらったり、料理家にボタニカル・ブランデーを使った料理をつくってもらったり。香りの仕事に携わる人に、お酒の匂いを嗅いで感想を述べてもらうという試みも行った。

長野や山梨、福岡のうきは市や熊本など、いろいろなところを訪れた。ボタニカル・ブランデーについては、ほとんどの人が体験したことのない飲みものだったが、香りの素晴らしさ、バラエティの豊かさに驚いていたようだ。また、料理やほかのお酒などと組み合わせることで、さらに新しい魅力が生まれることもぼくを感動させた。

こうしたイベントは「UTRECHT」時代にやっていたことに通ずるものがあるのだが、違うのは、自分が携わったもの（この場合はクリストフがつくったものだが）が素材になっているということだ。ドイツに行く前に思い描いていたことの一歩が、踏み出せたような気がした。

またこうした機会を通じて、蒸留所を構えて何をやりたいのか、あらためて考えることもできた。やはりクリストフのアドバイスは正しかった。技術を身につけることは大事だが、何度も言っているように、蒸留は経験がものをいう。いまのぼくには、どういう蒸留所にしたいか、何をコンセプトにしたブランデーを打ち出したいか、まずビジョンをつくることが必要だ。

人との出会いも、大きな収穫だった。イベントのお客さんで意気投合した井上隆太郎さん。彼は「GRAND ROYAL green」という屋号を掲げて、食べられる花「エディブル・フラワー」や観賞用植物の生産・販売、植物を使った空間ディスプレイといった分野で活動をしている。植物の知識が豊富なことは言うまでもなく、既成概念を崩すような使い方や表現を思いつく人だ。井上さんに蒸留所のことを話したら、とても乗り気になってくれて、協力してもらえることになった。

彼は鴨川に畑をもっていて、そこで育てたエディブル・フラワーやハーブを一流のバーやレストランにも卸している。こうした取引先でフルーツ・ブランデーのニーズが生まれる可能性も高く、販路拡大も期待できて頼もしい。ブランデーの材料となる果実やハーブなどの生産計画や流通もいっしょにやろうという話になった。

二度目のドイツ修業に旅立つ

２０１６年３月に、ぼくは二度目の蒸留家修業のためにドイツに飛んだ。五里霧中だった一度目にくらべ、この時は身につけなければならないことが見えていた。一度目の時は秋の収穫シーズンにかかっていたので、蒸留する前の発酵作業に携わることが多かったのだが、今回は春先から初夏で、収穫よりも蒸留から希釈作業が多くなる。この時も羊の爪切りや、一年の間に積み重なったヤギの糞の掃除や展示会での販売など、蒸留そのものとは関係のない仕事も多々あったが、テクニカルな部分をみっちり学ぶことができた。

5月には、デザイナーの山野さんと建築家の中山さんにドイツまで来てもらい、クリストフの蒸留所を案内した。中山さんにはいずれ蒸留所の建物を設計してもらうから、どういう作業が発生するか、蒸留所が建築物としてどういうものかを知っておいてほしかったのだ。

じつは中山さんにお願いすることは前々から決めていたものの、ぼくはその思いをひっそりと胸の内に秘めており、こうしてドイツに来てもらうまで蒸留所を設計してほしいと直接言っていなかった。折をみてあらためてお願いしたら、びっくりさせてしまったようだ。

「江口さんって、大きな決断をする時ぜんぜんドラマチックじゃないですね。日常の地続きみたいだ」。

二人とは、さらにスイスとオーストリアの小さな蒸留所をいくつか訪問し、クリストフとはまた異なるアプローチがあることを学んだ。

クリストフのつくる蒸留酒は、一体何がほかとは違うのか？　大手酒造メーカーや、今回訪問した個人経営の蒸留所だと蒸留機の規模は異なるかもしれないが、どんな機械で蒸留にかけても、「液体を熱して蒸気をつくり、それを冷却する」ということは変わらないし、そこの機械の性能が大きく関与してくるものでもない。

クリストフのやり方は、ただひたすら誠実なのだと思う。

原材料を流通品に頼らないという姿勢、旬を狙った収穫のタイミング、手間をかけ素材の持ち味を引き出す発酵や蒸留後のプロセス。自分の目が届く範囲で、自然のサイクルに身を委ね、誠実に手を動かしてつくっているという印象だ。ほかの蒸留所のブランデーも飲み比べてみたが、やはりぼくは「Stählemühle」のものがいちばん好きだ。作業効率を優先していないから多くの量はつくれないけれど、ぼくは、自分で蒸留所を開くのならクリストフのような実直なやり方を貫きたいと思いをあらたにした。

もう一つ、クリストフがやっていることで特筆すべきは、プレゼンテーションの巧みさ。訪問したスイスやオーストリアの蒸留所も、個人規模でクリストフと同じように誠実に取り組んでいるところもあったが、プレゼンテーションの技術というものが、クリストフは頭一つ飛び抜けている。瓶そのものはもちろんのこと、ラベルに印刷されているタイポグラフィの美しさ。ウェブサイトやリーフレットに至るまで、彼の美意識が通底しているのだ。

ドイツにはコルンという、小麦や大麦、ライ麦などの穀物からつくる蒸留酒がある。日本でいうところの焼酎のような酒だが、どちらかといえばドイツでも野暮ったいイメージがあるこのコルンですら、クリストフは洗練されたパッケージングをすることで、これを飲んだらどんな時間が過ごせるだろうと、飲み手の想像を喚起するような世界観を構築している。

酒というものは、嗜好品だ。それがないと、生きていけないというわけではない。だからこそぼくが蒸留酒をつくるのなら、味や香りに酔ってもらうことはもちろん、その蒸留酒のボトルがテーブルの上にあるだけで特別なひと時を過ごせると思えるような、雰囲気にも酔いしれてもらえるものにしたい。

この二度目の修業を終えたのち、ぼくはついに友人知人に「蒸留所をはじめようと思っている」ことを周知した。

本屋を辞めて蒸留家になるなんて、ぼく自身ですら突拍子もないと思っていたので、これまで明言はしてこなかったのだ。ぼくが当時やっていたブログでは蒸留所での修業のことは綴っていたけれども、まさか蒸留家になりたいと真剣に考えていたなんて、誰も思ってもみなかったのだろう。けれどももう、後戻りができない状況をつくらないといけない。

千葉・大多喜町の薬草園を蒸留所に

さて、肝心の蒸留所の場所探し。

これに関してはクリストフから、アドバイスをもらっていた。

それは、果物の採れる場所、水のいい場所、ストーリーのある場所……の三つを満たしていること。

場所や気候によって味が左右される日本酒やワインと違い、極端に言えば蒸留そのものはどんな場所でも行うことができる。ただし原料となる果物に関しては、生産地に近いほうがよいだろう。また、熟成に関しては、寒冷地や日夜の温度差があるところのほうが適しているというが、蒸留酒をつくる場所にそういう土地が多いから、という気もする。

はじめはクリストフの蒸留所のイメージが強かったので、東京から離れた長野や山梨といったエリアのどこか山奥がいいのではないかと思っていた。実際に全国の候補地を見てまわり、特に長野県御代田《みよた》町、浅間山の中腹にある敷地にはとても惹かれた。地域的にはぶどうやりんごの産地で、数千坪の敷地の周辺は完全に森。民家もこれより上にはない。軽井沢も近く文化的な欲求も満たせるだろう。

しかしこの土地、標高が1000m超で冬はとても寒くマイナス10℃を下回る。町役場の人に相談しても、ここは人が住むのは大変ですよ、と言われてしまった。諦めきれずに中山さんにも来てもらって、現地を見てもらった上で、蒸留所を一から建てる概算をしてもらったところ、億を軽く超える金額が出てきて、断念した。

そんななか偶然ネットで見つけたのが、千葉は房総半島の南、夷隅《いすみ》郡大多喜町の元・薬草園だ。県が薬用植物の普及のため1987年に設立し、2005年に大多喜町に譲渡されたが、来園者が減って2015年3月に閉園したという。敷地の広さは約1万6000㎡。ここに500種にのぼる植物が植えられており、町が跡地を利用する事業主を募集していた。

大多喜は温暖で自然が豊か、すぐにでも材料にできそうな薬草やハーブが植えられていたし、閉園となってしまった植物園で育てられた植物を蒸留酒として蘇らせるというストーリー性も、十分に魅力的だ。周辺に畑も多く原材料になる果実や植物も入手しやすい。千葉は全国でも果物の生産が盛んなほうで、梨やみかん、枇杷などさまざまなものをつくっているのだ。

そして東京や成田に近いのも魅力だ。流通の良し悪しは、大切だ。ぼくは生産する場所と原料となる果実や植物がつくられる場所が同じであることに越したことはないと思っているが、クリストフと同じく、すべてを地場で賄う必要はないとも考えている。梨は千葉産を使うにしても、たとえばりんごは長野、さくらんぼは山形から取り寄せるなど、その果物が美味しく育つ土地のものを用いるほうが美味しいブランデーができるはずだ。

このようにぼくが懸念していたこと、求めていたこと、期待していること、さまざまなピースが大多喜町の元・薬草園というパズルにしっくりと嵌《は》まった。以前からの編集やディレクションの仕事があれば、東京からほどよい距離感の立地は都合がいい。東京には車かバスで行く必要があるが、あえて行く必要があるかどうかを吟味し、内容によってはスカイプにするなどコントロールすればいいだろう。

どこか夢のようにも考えていた蒸留所開きだが、実現に向けて大きく踏み出せたのは、この場所のおかげだ。

こんなにいいところは、ほかに見つからないだろう。

蒸留所の名前は、二人の娘、美糸《みと》と沙也《さや》の名前でもある「mitosaya」にしよう。

「mitosaya」は、「実」と「莢《さや》」の意味でもある。

実りの象徴である「実」と、実を守る外側の覆いである「莢」。

果実だけでなく、葉や根や種、時には莢までも使い、植物の可能性を拡張し、この場所でしかできないボタニカル・ブランデーを生みだす。そんな思いを、ぼくは「mitosaya」に込めた。

MITOSAYA'S EAU DE VIE
{ PART 1 }

mitosayaのオー・ド・ビー

2019年3月につくったファースト・バッジを皮切りに、
少しずつプロダクトが増えはじめている。
これらはぼくがこれまで出会った人たちや、
新しく出会った人たちから導かれたものだ。

001

Eau de vie
2019

ALL MIKAN

Kamogawa Citrus Unshu

46% vol.

千葉県鴨川の古泉農園で秋に採れた、温州みかんをまるごと使ったフルーツ・ブランデー。通常、柑橘の蒸留酒にはピール（皮）の部分のみを使います。確かに柑橘のピールには素晴らしい香りがあります。でもなぜピールだけを使って実を使わないのだろう？ 食べる時は当たり前だけど実を食べるのに。師匠のクリストフに聞いても、ピール使っとけば間違いないから、とつれないメール。言うことを聞いたフリですべての皮をむきつつ、こっそりと実の部分は発酵させてみました。数日後、みかんのあの爽やかな香りが立ち上ってきて発酵が進んでいるのがわかります。落ち着くまでそのまま発酵させた後に蒸留。一方、ピールの方はお米由来のライススピリッツに 6 週間漬けこんで、香りと風味をゆっくりと抽出した後に蒸留します。

それぞれをブレンドすると、柑橘の華やかさとほのかな苦味を感じる、日本のみかんらしい優しい味わいのフルーツ・ブランデーになりました。

ただ、誤算だったのはアルコール度数を調整するため加水すると白く濁ってしまったこと。確かにオイル分を多く含む柑橘の蒸留酒は濁りやすい。原因と対策については、加水する時にお酒と水の温度を合わせ、かつできるだけ低い温度でブレンドすること。水にお酒を加えるのではなく、お酒に水を加えるようにすること。限りなくゆっくりと水を加えること、など専門書でも諸説様々。

結局のところ、白く濁る理由はシンプルで、アルコールに溶け込んでいたオイル分が、アルコール度数が下がることで溶けていられなくなって表出し、水と反応してしまうから。困っていた時に、尊敬する自然派ワインバーの主人が不思議そうな顔で言いました。

「どうして蒸留酒が濁ってたらいけないの？」

確かにそうだ。白い霞の向こうに、緑とオレンジのコントラストに輝くみかん畑が見えてくる、ALL MIKAN なフルーツ・ブランデーです。

002

Eau de vie
2019

CHOC & MINT

with Base of Persimmon Brandy

46% vol.

世の中がチョコレートのことだけを考えているようにも思える冬のある日、そんなこと関係ない風に、オーナーシェフの片岡さんが一人黙々と最高のメニューをつくり続ける、東浪見のイタリアンレストラン「AO」を訪れました。

入口脇のテーブルに、見慣れない瓶に入ったカカオニブが置かれています。

「ブルータス（片岡さん）お前もか」

こちらの微かな失望とは裏腹に、笑顔で試食を勧めてくる彼。しかし口に入れた瞬間、失望は驚きに変わりました。

マダガスカル産のオーガニックのカカオニブは、チョコレートの苦味とほのかな酸味、甘みはなく、また長く残る余韻があり、カカオニブといえばカカオ豆を焙煎したあとのカスでしょう？という先入観を大きく裏切られました。

まさにmitosayaのマニフェスト、「実と莢」の莢の部分というのもいい。

早速取り寄せて、ライススピリッツに漬け込み香りを抽出。蒸留してみると、チョコレートの香り高い、それでいて無色透明の不思議な液体ができました。

そのままでもいいのですが、思い出したのが鴨川で無農薬栽培を行う農業法人、苗目でつくっているミント群。

そのなかにチョコレートの香りがするという、小ぶりで葉の色が濃いのが特徴のチョコレートミントがあります。秋の終わりにばっさりの伐採したものから、葉の部分だけをより分けて、こちらも蒸留します。

チョコレートの甘苦さにチョコミントの爽快感。若干加えたいすみの次郎柿でつくったブランデーにより、バニラのような風味も感じられます。デザートのお共に。また、カクテルの香りづけにも。

003

LEMON POI

Eau de vie
2019

Lemon Aromatic Ensemble

46% vol.

「レモンサワーブームで国産のレモンが引く手あまたで困ってるよ 」と鴨川のレモン農家、古泉さんがいきなりカマしてきます。

こちらも駆け引きと心得て、「貴重なレモンとは承知ですが少し譲ってはもらえませんか?」と下手に出ます。

千葉県鴨川、大山千枚田にも近い里山の丘陵地にある古泉さんのレモン畑は、周囲を小高い山に囲まれ、日の光は入るけれど、風の影響を受けにくい理想的な環境にあります。

秋の終わりに採れた国産のレモン、150 キロをタフな交渉の末譲ってもらいました。

持ち帰ったレモンは、「チョイむき smart」という皮むき器を導入し、皆で皮をむきます。ところが、限りなく農薬を使わずつくる古泉さんのレモンは、皮も厚い上に表面がゴツゴツとしているものが多く、「チョイむき smart」 はほとんど役に立たず、結局はすべて手でむくことになりました。

実の部分は細かく砕いた後に酵母を加えて発酵させ、10 キロのピールはライススピリッツに浸漬し、それぞれ蒸留を行います。

でき上がったオー・ド・ヴィーは、まさに凝縮したレモン。ところが、純度の高いレモンの香りは、かえって人工的に感じるという問題が発生。まるでレモン味のタブレットを飲んでいるよう。人間の記憶の不思議。

そこで、苗目で採れた、レモンの香りを感じられるハーブ、レモンバーベナ、レモングラス、レモンバジル 3 種からつくったスピリッツをブレンドしました。

結果、レモンよりもレモンのような、つまり「レモン“ぽい”」オー・ド・ビーができました。

レモンを取り巻く香りのアンサンブルをお楽しみください。もちろんソーダやトニックを加えてレモンサワーのような飲み方にも最適です。

004

GRAPPA MEETS UME BLOSSOMS

Eau de vie
2019

from Grape Republic

44% vol.

山形県南陽市のワイナリー、グレープリパブリックから、ナイアガラとマスカットの搾りかす（ポマース）を譲ってもらいました。まだフレッシュなポマースを皮ごと発酵させて、グラッパをつくりました。

実はグラッパをつくるのは初めてで、ほかの果物とは異なる部分が多々あります。何よりポマースにはほとんど糖分も水分もありません。糖と水分を補うことで、ぶどうに含まれる風味を取り込みつつ、糖分を栄養にしながらアルコールが生成されていきます。

ただし、糖度も低く、また冬のため温度が低いこともあって、発酵速度はきわめてゆっくり。徐々に発酵が終わったポマースのかすが上面に固まってきた後に蒸留。収量は多くありませんが、白ぶどうらしい嫌味のないクリアな味わいのグラッパになりました。

また、その頃には mitosaya の敷地内に点在する樹齢 30 年を超える白梅の花が咲きはじめました。まだ多くの木々が枝だけの頃に、可憐な白い花を咲かせ、周囲に爽やかな香りを振りまく梅の花を見ると、「におい」という言葉が、元々は視覚と嗅覚の両方の意味を含んでいたことを思い出させてくれます。

香りが一番強い、咲きたての白梅の花を何日かに分けて摘み取り、やさしく漬け込みます。その後蒸留したものに、梅の花を数個、瓶に閉じ込めました。淡く色づいた液体に浮かぶ花を見ながら、日本の蒸留酒らしい繊細さと優しさをお楽しみください。

005

Eau de vie
2019

KAWAJIMA FIG

with Dried Fruits

44% vol.

埼玉県のほぼ中央に位置する比企郡川島町の特産品、桝井ドーフィン種のいちじくを使ったフルーツ・ブランデーです。

1908年に桝井光次郎がカリフォルニアから持ち帰った、ドーフィン種のいちじくを品種改良して生まれた桝井ドーフィンは、実が大きく甘みも強いのが特徴で、いまでは日本の栽培種の8割を占めるまでになっています。

完熟いちじくを純粋に発酵、蒸留して生まれたいちじくのフルーツ・ブランデーには、いちじくの上品な甘みや酸味、そして特徴的な青っぽさが複合的なフレーバーとして表現されています。

AMBESSAで分けてもらった、トルコのオーガニック・ドライ・フィグを小さな袋に入れて同梱しています。別の容器にブランデーを入れ、一昼夜ドライ・フィグを漬け込んでみてください。液色が美しい金色に変わり、果実味と甘さが加わった豊かな味わいに驚いていただけるはずです。

優雅な食後酒としてももちろん、デザートのアクセントにも。

006

Eau de vie
2019

JUST WORMWOOD

Artemisia Absinthium

48% vol.

ニガヨモギ、アニス、ヒソップ、フェンネルなどを使い、劇作家や詩人、画家など多くの文化人に「緑の妖精」として愛されてきたお酒、アブサン。『アブサンの文化史』（白水社、2016）によると、19世紀末のパリではアブサンを飲んで酩酊した状態を指す「アプサントぎみ」という言葉さえ流行したといいます。

一方でアブサンとは、ニガヨモギ（Wormwood）の学名、Artemisia Absinthium の一部でもあります。そのニガヨモギは古代から「聖なる草」として知られ、聖書にも登場するほど昔から親しまれてきました。万能薬として重用され、英気を養う霊薬として親しまれました。その頃の飲み方はワインや蒸留酒にニガヨモギを浸しただけで苦味を薬効として飲む酒だったといいます。

酩酊するためのお酒でも、病を癒やすための薬でもなく、ただただ、フレッシュなニガヨモギの甘くて瑞々しい香りを味わう、ボタニカル・ブランデーをつくりたいと思いました。

秋の終わりの苗目でバッサリ切ったニガヨモギの葉を、その日のうちに加工して、約3カ月間ゆっくりとアルコールに浸漬した後蒸留。Grape Republic のメルローのぶどうかすでつくったグラッパとブレンドしました。

mitosaya で芽吹いてきた、苦味が少なく甘い香りの春の若葉を一晩漬け、特徴的な香りと共にほんのり薄い緑色をつけています。

「乾燥したハーブの方が香りがいい、なんていうのはフレッシュが手に入らないヤツの言い訳だ」

という苗目・井上隆太郎の名言に基づいて、すべてフレッシュなニガヨモギでつくった、JUST な WORMWOOD です。

第3章　蒸留家への道

mitosaya始動

2017年2月1日、大多喜町との契約を正式に結んだ。ビジネスパートナーの石渡さんといっしょに事業主の審査にのぞみ、プレゼンテーションを行った。

株式会社として登記もした。いよいよ蒸留事業がはじまる。どんな蒸留所にしたいのか。どんな製品をつくるのか。そのためにはどんな植物を育てて、何を仕入れるのか。蒸留機以外に必要な設備は何か、その調達はどうするのか。告知をするサイト、ボトルやラベル、パッケージデザインのコンセプトは……。

すべてが、同時進行で混沌《こんとん》としたなか進んでいく。しかしどれも解決しがいのあるテーマで、人生の喜びとそのままつながっているように感じる。ビジネス、酒造に植物の専門家、デザイナーに建築家、「mitosaya」のために集まってくれたその道のプロたちが、いいものをつくろうと手を携えてくれているのが何よりも頼もしい。

そして、蒸留所の建設。

蒸留所は、新しく建てるのではなく、既存の施設を改修して蒸留機を入れることにした。元・

薬草園には約30年前のバブル期に建てられた施設があり、植物の展示や研修所として使われていた。建築家の中山さんを敷地に案内した時、ドイツで蒸留酒づくりのフローをいっしょに見てもらっていたおかげで、この建物をどう活用するかイメージがすんなり浮かんだそうだ。「建物の大きさもいいスケールですね。場所もすごくいい」と言ってくれた。

改修しようとしている施設は、とりたててフォトジェニックな建物ではない。町家や古民家のかっこいいリノベーション事例を雑誌で見るけれども、あんなふうにできるデザイン的なポテンシャルはこの施設にはない。無味乾燥としているが、工場建築のようなマニア心をくすぐるようなドライさもない。良くも悪くも30年前の公共建築物だ。

しかし中山さんは、こんなふうにも考えていた。

「物語を失ったテーマパークは廃墟でしかないけれども、この薬草園は、植物たちの場所であり続けていますよね。散水や排水の仕組み、ボイラーや温室設備、実験や研究装置などをおさめたしっかりした建物という価値は変わらない。それぞれに機能的な働きがあり、道具としての生産性を備えている」

そして彼は、こんな結論を導き出した。

「あえてそのままにして、来てくれた人が『こんな時代もあったんだな』って感じるくらいがいいんじゃないかな。全面的に色を塗り替えたり、外装にわざと古めかしく見えるような素材

建築家の中山英之さんたちと、模型を前に打ち合わせをする

を使うはやめましょう。無理に洒落たものをつくるより、一見古いままだけれども、内部は少しだけ新しさを感じるようにしたいですね」

中山さんにとっては、決して簡単な設計ではなかったと思う。というのも、日本には大規模な蒸留所はあれども、個人規模の前例はなかなかないのだ。それに蒸留所は食品を扱う施設なので、消防や衛生にまつわる法規が多々絡んでくる。60度以上のアルコールを400ℓ以上同時に保管する時に求められる耐火性能であるとか、ボトル詰めをする時に埃《ほこり》が入らないように天井を平滑で掃除しやすい素材でつくるとか、発酵をする部屋の換気量だとか、こまごました諸条件が課せられるのだ。

ここでさっそく、「コエドブルワリー」の朝霧さんの出番。彼は自社工場建設の経験もあり、水を得た魚のようだった。換気扇の数や出力数、蒸留後に機械を洗う時に水が流れることを想定した床の建材選び、設備の専門的な話エトセトラ、エトセトラ。

こうしたことを一つひとつ解決しながら、中山さんは発酵から蒸留・濾過・加水・熟成・ボトリング、そしてぼくのラボ室まで、来てくれた人に一連の工程がわかるような動線計画や仕掛けも考えてくれた。そして上限のある予算のなか、「江口さんが毎日働く場所だからね」と、気持ちのいい空間になるよう心を砕いてくれた。

建築家や施工者に事細かに口を出すようなクライアントもいるが、デザイン面はほぼ中山事務所にお任せ。機械がどう動くかとか、蒸留の実務に関わることを聞かれたら、淡々とジャッジしていくくらいで、空間のアイディア出しもしなかった。それはやっぱり、中山英之という一人の建築家に思うような表現をしてほしかったからにほかならない。ただ建築家っていうのは夢を形にする人種だから、ドラマチックに演出しすぎないように、というお願いはした。あまりに素敵すぎるものって、ぼくにはちょっと合わないような気がするのだ。

やわらかく、ゆっくりと、いっしょに働く

ぼくは決して、自分でぐいぐい引っ張ってものごとを決めるタイプではない。魔法の杖をひとふりするかのごとく、鮮やかに目の前の問題を解決できるような特殊なスキルがあるわけではない。本屋をやっていた時も、ぼくがやっていたのは誰かとつながることで、本が扱われる環境をつくるということだった。けれども本というのはある意味、曖昧な媒体だ。ぼくがやっていた「UTRECHT」じゃないとどうしても売れないというわけでもなく、別の素敵な書店で置いてもらっても売れるものだ。

イベントを重ね、さまざまな切り口で本と向き合っているうちに、自分じゃなきゃダメだという部分がなくなってしまい閉塞感を覚えたのが、蒸留家をめざした動機の一つでもある。

それが「mitosaya」のプロジェクトでは、ぼくは真ん中に立たなくても必ずどこか居場所をつくることができる。

もちろんチーム・ビルディングは容易ではない。自分のフィールドで活躍している人たちばかりだから、一堂に会する機会もなかなかもてない。そういう場合はスラックを使っているけれども、得意な人もいれば不得意な人もいる。かといって顔を合わせたミーティングだと、その場の勢いでものごとが決まってしまうこともあるので、悩ましいところだ。

また、きれいに合意がまとまりすぎても、ものづくりとしては面白みに欠ける場面も出てくるだろう。みんなにはある程度自由にやってもらいたいし、ぼくも「ええっ？　そんなことをするの？」とまわりの意表をつくくらいの、いい意味での大胆な裏切りもしてみたいと思っている。

ともあれ、あくまでみんなでいっしょに決めていきたいというのが、ぼくのスタイルなのだろう。対話を重ねながら状況が生み出したようなものづくり。だからこうしたミーティングは行えども、おれはこんな主義主張を世の中にぶつけるんだ！　と肩に力の入った企画会議や戦略的な進め方は性に合わない。先頭に立って派手に旗をふりたてて力強く一座を導くよりも、やわらかく、ちょっとずつ、そしていっしょに進んでいきたいと思う。

たとえぼくのなかで何らかの揺るぎない芯はあるにせよ、それを一気にぶち上げるのではなく、流動的な状況やものの見方、さまざまな変化に合わせて方向性を決めていきたいのだ。

それにはある程度、自分を透明にして客観的にものごとを見る目が必要になるのだと思う。

ブランデーは嗜好性の高いぶん、マニアックな趣味性に陥る危険性もある。マーケティングの傀儡《かいらい》になるつもりはないが、ある程度さまざまな人に受け入れられる普遍性は欲しいので、どちらにも偏らないよう、ブレーキをかけたほうがよいだろう。

そのためには、まず自分がやろうとしていることに関係がありそうな情報をフラットにたくさん取り込むことが必要なのかな、と思っている。そうしたものが積み重なると、自然と方向性が見えてくるんじゃないだろうか。

娘たちに言わせると、ぼくは家にいる時、だいたいパソコンに向かっているか本を読んでいるそうだ。ボンヤリしているようにしか見えないけれど、本を読むこともネットをプラプラしている時も、できれば主体的な行為にできればと考えている。ＲＳＳフィードで気になるサイトやキーワードを登録してみたり、テーマを決めて横断的に何冊か本を読むようにしたり。

今回の大多喜町の元・薬草園を見つけたのもそのおかげで、元はといえば全国の廃校を候補地にしていたのだけれど、実際見に行ってみると敷地も建物も大きすぎて持て余すことがわかった。そこで、幼稚園や保育園の廃園になった場所はないかと探しはじめたものの、廃校情報は文科省が毎月更新するサイトがあるものの、廃園については一元的に閲覧できるサイトがない。

そこで、「廃園＋活用者募集」みたいなキーワードで、グーグルにサイトが登録されたらメールが来るサービス、「グーグルアラート」をかけておいて、そこに引っかかったというわけだ。出会ったのは偶然ではあるけれど、そのための準備はしておく、くらいのやり方がちょうどいいみたいだ。

ただ理論的にものごとを積み上げていくばかりではなく、広いフィールドで情報を摂取し続けている結果、何かが戻ってきて新しいことが生まれるきっかけになるというのも、そう悪くはないと思う。効率はよくないかもしれないし、無駄と思えることが多いだろうけれども、まだ描くことのできない地図がひょんなことで完成するのって、ちょっと楽しい。

まあ、いっしょにつきあってくれている人たちには、お前はフラフラしてないでちゃんとリーダーシップを取れよ、と思われているかもしれない。中山さんには「江口さんって、この人についていけば何とかなるっていうタイプじゃないよね。見てて、ぼくがいなかったらこの人どうなっちゃうんだろう？　っていう気になるんだよ」と言われたことがある。そんなに頼りないかなあ、とちょっと反省する次第。

日本の伝統技術とのコラボレーション

目まぐるしく過ぎゆく日々のなか、素敵な出会いがまた一つ。

それは、小豆島で昔ながらの醬油づくりをしている、「ヤマロク醬油」5代目の山本康夫さん。彼はお父さんに「醬油づくりは儲からんから大学に行け」と言われて一度は島を出たのだが、本土でサラリーマンをやっているうちに、顔の見えるものづくりをしたくなって島に戻って醬油蔵を継いだという人物だ。その「ヤマロク」の醬油づくりの要が、杉の木桶《きおけ》。大量生産される醬油はステンレスタンクを使うのだが、「ヤマロク醬油」では昔ながらの杉の木桶を使う。

木桶は、発酵を促す微生物にとっても住みやすい環境なのだ。実際、「ヤマロク醬油」の蔵を訪れると、柱や古い木桶の外側にはびっしりとカビのようなものが覆っていて、菌が密生しているのがわかる。薄暗く、適度な温度と湿度、そして樽のなかの醬油の存在が、菌には最適なのだろう。

かつて木桶は日本の醸造文化を支えていた、と山本さんは言う。醬油桶も、日本酒をつくるために使われた桶を再利用したものだった。酒づくりは仕込みサイクルが短く、木桶にとって負担が大きい。酒造に使えなくなると醬油や味噌の木桶として用いられるという循環があったそうだ。しかしいまや、酒の世界でも木桶を使うことは少なくなってしまった。醤油でも一度桶を使いはじめると100年はもつので、職人のほうが先にいなくなってしまう。木桶の継承は醤油づくりの未来にとって死活問題なのだ。

悩んだ末に、山本さんは木桶職人が食べていけるよう、木桶を9つ発注した。2009年のことである。桶屋さんからは、醤油蔵から発注があったのは戦後初めてだと言われたそうだ。ちなみにこの木桶、一つ200万円はする。山本さんは費用を工面するため、かなり無理をしてお金を借りた。ただ長期展望からすれば、この救済措置も一時しのぎ。さらに2年後、山本さんは木桶を3つ発注、この時は小豆島の若い大工2人を桶屋さんに弟子入りさせて技術の継承にも取り組んだ。また「木桶職人復活プロジェクト」を発足させ、木桶の新たな使い方を提案・実践していこうと奮闘している。

前置きが長くなったが、その山本さんと出会ったのが、ぼくにも登壇者としてお声がかかった「発酵醸造未来フォーラム'17 TOKYO」というシンポジウムでのこと。ぼくは蒸留修業はしたものの、発酵についてはまだまだだと思っていたし、クリストフも発酵はできるだけストレートに果糖をアルコールに転化できればいいという考えの持ち主なので、発酵の専門家と同席するには力不足ではないかとちょっと心配だったのだが、イタリアはアルプスの高地で、ジュニパーベリー（西洋ねずの実）を発酵させて蒸留酒をつくっている蒸留家を訪ねたエピソードを紹介したところ、そこそこ会場で反応があってホッとした。そのシンポジウムのあと、ニコニコしながら声をかけてきたのが山本さんだったのだ。

「これから吉野杉で桶をつくろうとしているんです。一つお譲りするので、蒸留酒×木桶でコラボしてみませんか？」

蒸留酒づくりでは、通常、熟成に木樽を使う。ウイスキーやワインの熟成に使うのはミズナラやホワイトオークなどの樫の木でつくる樽。「Stählemühle」でもシェリー酒の熟成に使っていた樽や、リムーザンオーク、マルベリー（桑）の樽など、いくつかの樽を使っていた。

また純粋に原材料の香りを楽しみたい時は、香りのつかないステンレスのタンクを使うこともある。密閉し熟成できる樽に対して、上が大きく開いた木桶を使うなら発酵過程で使うのがいいだろう。

それも、発酵という繊細なプロセスにおいてはリスクを伴う場合もあるかもしれない。また酒造用に桶を改造する必要もあるだろうし、桶は巨大だから中山さんの改修プランに変更が生じるかもしれない。そもそもこんな大きな桶を搬入できるのだろうか？　できたとしても輸送費もかかるだろうから出費も嵩《かさ》む……と、脳裏をサッと懸念がよぎったが、口が勝手に「ぜひお願いします！」と動いていた。だってこうしてせっかく声を掛けてもらえたのに、やらない理由なんてないじゃないか。

小豆島のヤマロク醤油に、樽の大きさを測りに

その後小豆島を訪ねて桶のサイズを測ったところ、直径1・7m×高さ2m。搬入する開口部との差はわずか数㎝。危ないところだったが、ぼくはひとまず胸を撫《な》でおろすことになる。

東京からいざ、大多喜町へ

2017年3月、東京の家を整理して、大多喜町に引っ越しをした。

トラックの荷台に積んだ段ボールは250箱ほど。

子どもの新学期にあわせた、バタバタとした引っ越しとなった。ネットや電話の手配も後回し。

家が完成するのには1年くらいかかるだろうから、とりあえずは園内の資料棟に仮住まいだ。大量の段ボールに囲まれながら、毎日がものすごいスピードで流れていく。娘たちからは、

「おうちができるのはいつなの?」

「パパのお酒はいつできるの?」

無邪気な指摘を受けるのが辛い。妻はある時期から、開けられることのない段ボールを前に、人ってモノがなくても生きられるのね、と開き直った。

ぼくはといえば、工事で中山さんや事務所のスタッフさん、職人さんたちが改修現場で立ち

働くのを横目で見つつ、同時進行的にさまざまなことを行っていった。

農業法人「苗目」設立

「GRAND ROYAL green」の井上隆太郎さんとは、果実やハーブなどの生産体制の整備に奔走する。彼は、足繁く「mitosaya」に通い、園内の各場所で季節ごとの風・光を体感し、土や植物の状態を見定めるという作業にも着手していた。はじめに敷地を訪れたのが冬だったせいもあり、園内の植物は枯れ果てていた。実際のところどれほど生きているかわからず、もしかしたらほとんど残せないかもしれないと思っていたのだが、その多くが春になると芽吹き、花を咲かせたり実をつけることがわかった。

井上さんの提案は、これらを活かしながら、化学肥料や農薬は使わずに新しい植物も少しずつ加えながらバージョンアップしていこうというものだ。増やす植物は、口に入れられて、色・香り・味などに特徴があるもの。

「実際に植物に触れながら、お酒づくりのアイディアが生まれるといいですよね」

井上さんはこんなふうに、植生計画を構想してくれた。

彼とは、ともに農業法人も立ち上げた。正確に言えば、農地所有適格法人だ。

きっかけはある日、井上さんのところにもちかけられた温室活用の話だった。鴨川に100〜150坪ほどの温室を複数おもちの方がいるのだが維持に悩んでいる、壊すのにも何百万円もかかるので現状のまま使ってもらえる人がいないものか、とのことだった。

元・薬草園には500種以上の植物があるものの、元来観賞用のため、実際に育てられていたのは一種類あたり数メートル四方の土地なので、蒸留酒をつくるにはとうてい量が足りない。別途、畑なり土地を探して材料となる果実を育てる必要があったので、ぼくは二つ返事で引き受けた。

ここで初めて知ったのだが、「農地法」というものがあって、農地は農家でないと借りられない決まりになっているそうだ。なので二人で農地所有適格法人を設立したという次第。名前は「苗目《なえめ》」。温室の目の前にあるコミュニティ・バスの停留所の名前からいただいた。

事業計画をつくり面接を受け、無事、法務局より申請が下りた。ぼくが思っていたよりも安い値段で借りることができ、融資にあたっても金利面で優遇され、補助金も申請することが可能だ。

こうしてぼくは、まわりの人に助けられ、これまで縁のなかった仕組みのことを学びながら、「mitosaya」の準備を進めていった。

酒税法という壁

しかし、いくら生産体制の整備やら蒸留所建設を頑張っても、これをやらなきゃすべてがはじまらない、ということが一つある。それはお酒をつくる免許の取得だ。

クリストフのブランデーを輸入・販売する時に「酒販免許」は取ったのだが、今度は「酒類製造免許（酒造免許）」が必要になる。この免許申請も自分でやろうとしていたのだが、税務署の担当者がコロコロ代わるたびに違う条件を提示される。半年頑張ってきたが、3人目の担当者に「たくさん書類を出しているようだが、多過ぎてよくわからない」と言われた時に、ぼくの心はポキリと折れた。すがるようにネット検索をしたところ、千葉に酒造免許専門の行政書士さんがいることを突き止めた。酒造会社出身の人で、酒類関係のエキスパートということだ。すぐに大多喜まで飛んできてくれて、依頼を受けてくれることになった。

ちなみに2018年4月に酒税法が改正されたこともあり、ぼくが免許を取ろうとしていた時期は駆け込みも多く、新規申請者に対してはハードルが高いという状況だったようだ。お酒にまつわる法律である酒税法では、税金だけではなく、材料の割合による酒の種類の定義にはじまり、製造量などさまざまなことが決められている。

また酒税法には「法定製造数量」というものがある。これは1年間に製造するお酒の見込み量のことで、定めた最低製造数量を満たすような設備、原料を仕入れる資金、生産計画を求められる。また免許取得後も最低3年間はいわば仮免許で、1年間の有効期限がある。毎年申請のうえ、期限延長を申し出なくてはならない。ぼくがつくろうとしている蒸留酒は幸い6kℓで今回は影響を受けないが、この先、改正されて量が引き上げられる可能性だってある。10倍に引き上げられたら、とんでもないことになる。

杞憂《きゆう》だと笑われるかもしれないが、ビールはかつては年間2000kℓだった見込み量が1994年の改正により60kℓに引き下げられた。クラフトビールのブームが起こったのには、こうした法制度面における背景がある。ビールに関してはハードルが下がったが、いつ逆のことが起こるかわからない。酒造は法律に翻弄《ほんろう》される、恐ろしい業界でもあるのだ。

お金の工面に走りまわる

肝心のお金の話をしよう。

個人規模とはいえ、蒸留所を建て、機械を入れるには当然ながらお金が必要だ。

もちろんそんな貯金もないから、銀行からお金を借りることにした。

金額にして、4000万円。

設備資金として融資を受け、3年後から返しはじめるという借り方だ。東京で住んでいたマンションも売却し、頭金に充てることにした。

この改修資金だけでなく、運転資金も必要だ。もっとも割かれるのは、原料代。他県の産地から購入するものもあるが、自社で賄う分も当面は苗から育てるため、費用と時間が必要だ。果物は、苗を植えてもすぐその年に採れるわけではない。「桃栗三年柿八年」と言うように、実がなるのには時間がかかる。それはすなわち、人が手をかけ植物の面倒をみなければならない時間でもある。その経費や人件費はかなりの金額になる。このほか、蒸留のための水道代だってばかにならない。

設備資金は日本政策金融公庫から借りることにした。小口の事業資金を貸し付けてくれる法人で、これは2年間返さなくていい。設備は減価償却の対象になるので毎年経費として計上できるメリットもあり、長い時間をかけ均等に割ったお金を徐々に返していく。何だか奨学金の返済で苦労している学生の気分だ。

融資に関しては、申込みから実現までかなり時間がかかる。待っている間、石渡さんと相談して、クラウドファンディングをはじめることにした。これはインターネットの専用サイトで事業主がプロジェクトをプレゼンテーションし、共感してくれた人が出資・支援をするという仕組みで、日本では東日本大震災の被災地復興事業のための資金調達の手段として周知されるようになった。投資した人には事業開始後、実現した事業で生まれたプロダクトなどで「リターン」をする。

まず、事業をプレゼンテーションするプラットフォームを決めなければならない。これは石渡さんと相談して、２０１１年に日本初のクラウドファンディングサービスとして立ち上げられた「Readyfor」にした。社会貢献やまちおこしのプロジェクトも多く、好印象を受けたからだ。ただプラットフォームによって販売制約手数料や決済手数料などが異なるので、これからやろうと考えている人はきちんと調べてみることをお勧めする。

石渡さんと「Readyfor」に直接話を聞きにいったところ、キュレーターと呼ばれる担当者を事業ごとにつけてくれるという。ほかを知らないので比較のしようがないのだが、右も左もわからなかったぼくたちには、とてもありがたかった。事業主はまずこのキュレーターにプロジェクトをプレゼンテーションしなければならない。「Readyfor」でも期待をしてくれたのか、はたまた例によって頼りないと思われたのか、代表の米良はるかさんも入って二人体制でサポートしてくれることとなった。

次は「Readyfor」のサイトで告知するためのテキストとビジュアル資料の用意。といっても、まだ何もはじまっていないので用意しようがなく困ってしまう。結局、ぼくの想いとこれまでの経緯をしたため、クリストフのところでの修業のスナップや薬草園の現況写真、中山さんの模型写真などとあわせて構成をした。

それからさらにリターンの設定。これもなかなか難しい。原価計算、商品開発、リターンの設定を、何もスタートしていない状態で行う。通常、クラウドファンディングはプロダクトの販売や資金調達が目的だが、ぼくらはそれに加えてまず「mitosaya」のことを知ってもらったり、継続的に関わってもらえたり、さらには実験的につくるもののフィードバックを得たいという思惑もあった。

ここで参考にしたのが、スコットランドの個性派クラフトビール「BREWDOG UK」の共同創業者・ジェームズ・ワットの著書『ビジネス・フォー・パンクス』（高取芳彦訳、日経ＢＰ社、２０１６）。彼はクラウドファンディングを通じて「パンク株」という特殊な株を発行することで20億円以上集めた手腕の持ち主だ。「パンク株」にはオンラインショップで20％オフだとか、優先購入権の特典がある。「mitosaya」ではこうしたリターンに加え、場所を見てもらうための「蒸留所開きツアー」、最初のファンになってもらうための「ファーストバッチ」、実験的商品開発のフィードバックのための「ボタニカル・ブランデー12カ月」、継続して「mitosaya」とつきあってもらうための「植樹から蒸留までコース」といった、バラエティ豊かなリターンを設定した。

そして最後に目標金額の設定。設定金額に達しなければクラウドファンディングは無に帰してしまう。担当者によると、あっさりと設定に到達するとその後の伸びがなくなってしまうらしい。見当もつかなかったので、「Readyfor」で事前に妥当な金額を見積もってもらったのだが、これが200万円という数字だった。ぼくらなりに一生懸命写真やテキスト、リターンの設定をしているのだから、もうちょっと高くてもいいんじゃないかなあ、とがっかりした。だからどうせならとことん頑張ってやろうじゃないかと背伸びをし、1000万円という設定をした。

いざサイトでぼくらの告知がなされると、本当に共感してくれる人がいるのか不安だったけれども、おかげさまで3週間目を迎えたところで目標金額に到達、トータルで1691万6000円もの金額になった。ありがたくも目標金額を超えた分は、オープン後に来てくれた人を迎えるための施設整備や小豆島「ヤマロク醤油」さんの木桶の輸送費用などに充てることにした。

ポスト老後

「mitosaya」は、ぼくの人生のなかでいちばん大きな挑戦だけれども、いちばん楽しい仕事に取り組んでいるという実感がある。

ある時気がついたのは、これってもしかして、老後プロジェクトなんじゃないかということだ。老後を健やかに、楽しく暮らすために、いまちょっと無理をしてでも頑張って、面白いことを見つける。

たとえばぼくの借りたお金。

これはぼくが40代半ばだから借りられるものであって、たとえば65歳だとか70歳だったら銀行はこんな大金は貸してくれないだろう。いまはみんな長生きするから、老後の時間はかなり長いものになる。定年を迎えても死ぬまで日がな一日ブラブラしてるわけにもいかないだろう。生活のために働かなければならないかもしれないし、何か打ち込めることが欲しくなるかもしれない。

ただその歳では、たとえ新しいことをやりたくても、銀行は大金を貸してくれないし、体力的にも厳しいものがある。年を取る前に20年、30年続けていけるようなことをはじめるほうが、絶対に老後が楽しくなると思うのだ。

飽きっぽいぼくには、その20年や30年続けられそうなことが、簡単に消費されることのない自然というものを相手にした蒸留ということなのだ。さらにみんなにも面白がってもらえそうだということで、やりがいもひとしおだ。

MITOSAYA'S EAU DE VIE
{ PART 2 }

007

WINTER CITRUS QUINTET

Eau de vie
2019

From Boso Jujien and Mitosaya

44% vol.

千葉県市原市唯一のみかん農園、房総十字園で、年末に収穫させてもらった日南種の温州みかん。ぎりぎりまで収穫を延ばし、糖度を上げたみかんは皮もやわらかく、皮と果実味のある果肉もすべていっしょにマッシュします。冬の間、低温でゆっくり発酵させた後、蒸留をしました。

一方、mitosaya ではたくさんの柑橘が冬の間、旬を迎えます。橙（カブス）、座橙といった、いわば日本のビターオレンジ、金柑、夏みかんなど、都度採っては加工していきます。皆で座って皮をむく姿は、まるでこたつでみかんを食べているよう。ときには「チョイむきsmart」も活躍します。こうして冬に採れた５種類の柑橘類を使ったオー・ド・ビーができました。香りと苦味の五重奏をお楽しみください。

008

BANANA COUPLET

Eau de vie
2019

Banana & Ogatama flower

44% vol.

バンコクの酒屋で下手な線で犬の絵が描かれたボトルを見つけました。「お酒のボトルでこんなに力の抜けたのもないな」って手に取って眺めていたら、店員の女性が突然ぼくの手からそのボトルを取り上げ、レジを打ちはじめます。何もわからないままにお金を払い、追い出されるように店を出ました。

後から知ったことですが、タイでは午後2時から5時の間お酒の販売ができません。その時まさに1時59分。ボンヤリしている日本人に彼女は気を利かせてレジを通してくれたわけです。

犬のボトルの中身はなぜかバナナからつくった蒸留酒で、香りから甘さを感じるほどの南国らしいお酒でした。以来、バナナのお酒をつくってみたいと思っていたものの、わざわざ輸入バナナを仕入れて mitosaya がつくるのも変な話ですし、つくる理由が見つかりません。

ところが、ひょんなところで千葉でバナナを育てている人に出会います。成田のGPファーム、半田さんの理論によると、一度バナナの種を零下60度以下に冷やすと、氷河時代に入ってしまったと種が勘違いして、常温に戻った時にここが自分の環境だと思い込み、その場所で育つようになるのだといいます。

正直、半信半疑でしたが、実際に成田の農場を見に行ったところ、温室にはたわわに実るバナナが実っています。しかしながらGPファームのバナナはかなり高価で、原料にするにはもったいない。悔しがるぼくを見かねてか、バナナの花を刈り取って一つ渡してくれました。真っ赤なバナナの花をむくと小さな小さなバナナが現れます。ほのかに香るバナナの香り。

さらに、春の終わりの mitosaya でも、夕方になると突然バナナの香りを感じます。見渡し見つけたのは黄白色の小さな花の咲くカラタネオガタマ。こうなるともはやバナナオー・ド・ビー待ったなしの状況。

淀橋市場唯一のバナナ専門問屋で、エクアドル産とびきりのバナナを選んでもらってフルーツ・ブランデーをつくります。そこにバナナの花、カラタネオガタマでつくったスピリッツをブレンド。熱帯のものなのにどこか穏やかな、バナナの二行連句を読み解いてください。

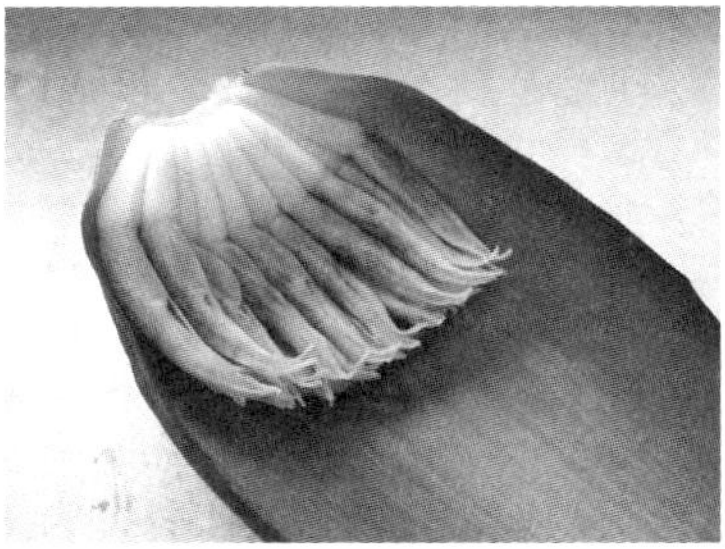

009

MUSCAT BAILEY A

Eau de vie
2019

From Caney Wine

44% vol.

山梨県万力のワイナリー、金井醸造所のベーリー A のポマース（しぼりかす）を使ってつくった、オー・ド・ビー・ド・マール。ぶどうの栽培からワインの製造、販売まで、すべて夫婦で手がける尊敬すべきお二人が、お正月明け早々、軽トラックにしぼりかすを積み込んで持ってきてくれました。

以前畑を訪れた時に、「自然に」というよりもぶどうの「自由に」育てたいと話していた、金井さんのぶどう（かす）なので、うかつなことはできません。そこでとった作戦はできるだけ何もしないこと。天然酵母で醸造されたベーリー A は、しぼった後だというのに真冬でも発酵が続いています。

春までじっくり発酵が落ち着くのを待った後に蒸留しました。蒸留の最初に出てきた若干の酢酸エチル臭をカットし、真ん中のふくよかで、奥行きのある、豊かな味わいの部分だけを取り出しました。

収穫したばかりのモロッコミントやヒソップ、ヘンルーダ（Ruta）を漬け込んでみたバージョンもつくってみました。目にも楽しいものです。

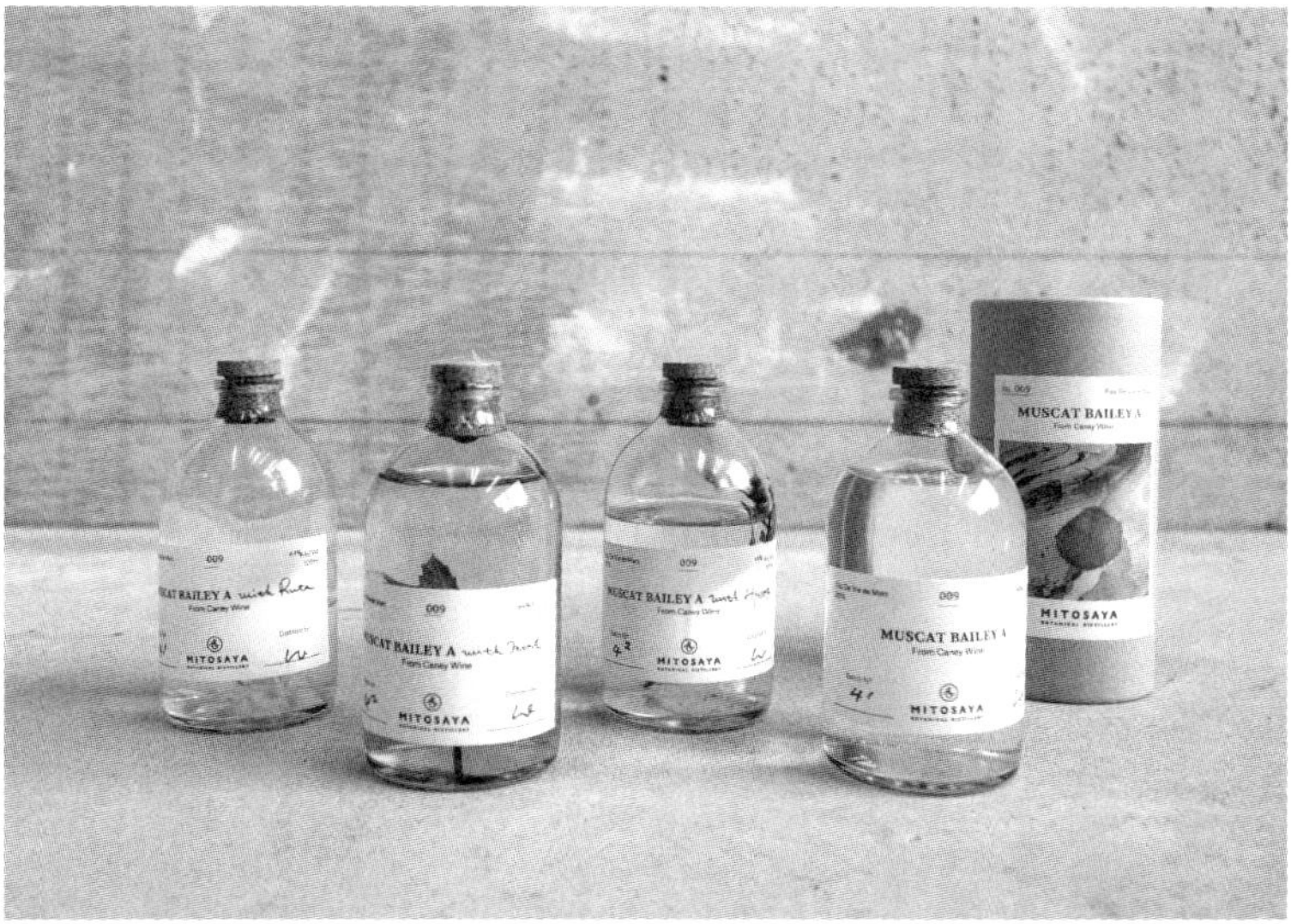

010

NIKKEI CINNAMON

Eau de vie
2019

Picked Afresh

44% vol.

mitosayaには、大きく育ったニッケイの木が3本あります。

シナモンといえば樹皮の部分のイメージですが、驚いたのは葉っぱからもシナモンの香りがすること。八ツ橋は皮だけの方をお土産に頼むぼくにとってこんなにうれしいことはなく、何かといえば葉をむしっては香りをかぐのがもはや習慣化しています。

セイロンニッケイの樹皮から採れるシナモンに対して、ニッキの原料にもなる日本のニッケイは「シナニッケイ」と呼ばれる品種で、シナモンの甘い風味に加えて、シャープな爽やかさがあるのが特徴です。

葉の葉脈が縦に3本入っているのもほかの木にはない個性で、一言でいうならお洒落。

そんなにニッケイの間伐した時の葉と枝を使ってつくったオー・ド・ビーです。

シナモンを純化したような深いコクと甘み、若干のスモーキーさ。葉ゆえの青みも感じます。ほのかなフルーティさは、若干加えた大分日田の芳香園で育てられた晩三吉梨からつくったフルーツ・ブランデーによるもの。

011

FRESH FENNEL

Eau de vie
2019

From Our Garden

44% vol.

畑の別の場所、軒下、芝生の斜面。去年までではなかったところにフェンネルが生えています。いつの間にか別の場所に根を張って、春になるとみるみる伸びていく、繁殖力の旺盛さに驚きます。線形の葉が放射線に伸びる完璧なプロポーションは、以前建築家の友人が訪れた時に、建築模型の木に使いたいと言っていたくらい。早朝にしか見ることのできない、朝露にぬれたブラシのような若芽は触るとなんとも言えない幸せな気分になります。

その一方で、はかなさもまたフェンネルの特徴です。採ってすぐにはあんなにも甘く香ったのに、ちょっと目を離すただけで、しんなりして、香りもどこか頼りない。

そこで、どんどん大きくなる春の時期に毎日、フェンネルの成長した部分を収穫しては、アルコールに漬け込んでいくことにしました。一般的なグリーンのスイートフェンネルに加えて、胴色のブロンズフェンネルもブレンドしています。ブロンズのほうが甘みも香りもより強い気がします。

私たちの庭で採れたフレッシュ・フェンネルのオー・ド・ビー。朝の太陽の暖かさを感じるような豊かで甘やかな芳香をお楽しみください。

012

Eau de vie
2019

MISUMI 'Tri' NAVEL

Collaboration with Quruto & 2 Eggs

44% vol.

まだ肌寒い2月、熊本市内に着いた私たちは、ワインショップQurutoを訪れました。オーナーの古賀さんの案内で、西をめざします。

1時間ほど車で走ると、街道沿いに果物屋の看板が増えてきました。ぶどう、なし、いちご、みかん……。バラエティ豊かなフルーツの種類にこの土地の期待が高まります。

熊本県の海の玄関口、また橋を渡れば天草諸島への入口。

その小高い山の中腹、天草諸島を見下ろす立地に江口農園はあります。橋を渡ればもう天草という立地で、なだらかな傾斜地から見下ろす景色がそれはもう素晴らしい。

同じ江口ゆえか、初めて会った気がしない、親しみを感じる、江口ケンさんに敷地を案内してもらいます。金柑、みかんなどの柑橘類を中心に、すべて家族で栽培しています。子どもたちも慣れたもので、この実はいいぞ、なんて一丁前に教えてくれます。

おじいさんの代にはじめたというこの江口農園は、約40年前、父親の代から有機農法での栽培を行っています。

無農薬で育てたネーブルは、濃いオレンジ色の皮が硬度もありつつ瑞々しくて、いかにも実が詰まっている感じがします。

ポルトガルのスイートオレンジがブラジルに渡り、突然変異によってへそのように見える部分ができ、そこからカリフォルニアを経由して日本に来たネーブルオレンジ。

そんなネーブルがこうして熊本にたわわに実っていることに、ちょっとした感動を覚えます。

実は今日の収穫のために、江口さんはいいものを採らずに待ってくれていました。150キロを収穫し、すぐに送ってもらい、じっくりと醸造。2カ月後に蒸留。皮も実もすべて使った深い香りと味わいが特徴です。

海外ではポピュラーなオレンジブランデーですが、日本のネーブルらしい、どこにもないものができたと思います。

第4章　最初の一本

蒸留所、完成

２０１８年4月、大多喜の木々が芽吹き出した頃、蒸留所の改修工事が完成した。建築家の中山さんのセンスと「コエドブルワリー」の朝霧さんの経験値、そしてぼくのフワフワしたイメージがうまく合わさって、とても素晴らしい建物になった。築30年の施設が、実用、機能、そして役所の基準も満たし、かつ無味乾燥に偏ることなく、どこかクリストフの蒸留所に通じるような雰囲気の建物に生まれ変わった。

完了工事では、中山さんの事務所の担当者のチェックにぼくも立ち会った。ただ、プロはやはり見るところがまったく違う。たとえばペンキの塗り残しとかならぼくにもわかりそうなものだが、彼らが「見る」のは「見えないところ」だ。たとえば、ドアが閉まった時にドアノブの角度が床に対して水平かどうか、だとか、一見まっすぐ付いているように見える建具に反りがないか、など。言われてみなければ気がつかないが、使い勝手を左右されるポイントばかりだ。以前に読んだオーレ・トシュテンセン著『あるノルウェーの大工の日記』（中村冬美／リセ・スコウ翻訳、牧尾晴喜監訳、エクスナレッジ）には、こんな一節があったのを思い出した。

――この職業において、良質な仕事と悪質な仕事の差は、わずか１ミリしかない。

必ずしも精緻であったり正確であることがよい、とも限らないのが人間の不思議なところだが、「建築」という実体のある世界では、その1ミリが良し悪しを左右するのだろう。

美しい銅製の蒸留機がやってきた

翌月、ついに川越の「コエドブルワリー」から、ドイツ「KOTHE」社製の蒸留機がやってきた。

運搬はふつうの宅配業者というわけにもいかず、朝霧さんに、重量物や工作機械の運送・据付を専門にしている「関本組」を紹介してもらった。彼らは部品をひととおり取りはずすと、クレーンを使って蒸留機を台車の上に横倒しにし、そのままトラックの荷台に運び込んだ。そして一路、大多喜へ。クレーンで持ち上げてまず建物に入れ、そのまま台車で蒸留室まで運ぶ。そして取りはずした部品をまた組み上げ、最後に機械の水平を調整して終了。

中山さんがデザインした白いアーチ壁越しに見える銅製の蒸留機は、美しさもひとしおだ。最近の蒸留機は仰々しいものが多いのだが、30年ほど前につくられたこの蒸留機は、「液体に熱を加え、発生した蒸気を冷却する」という蒸留の仕組みをこの上なくシンプルに体現している。

一歩進んでは二歩戻るようなこれまでの道程が思い起こされ、胸がいっぱいになった。

ガスと水道をつなぎ、稼働するかテストしてみる。

動かない。

どうやら、ドイツ製なのでもろもろの規格が日本のものとは異なるようだ。

しかし数々のトラブルを乗り越えてきたぼくは、もはやこの程度のことでは動揺しない。

動かなければ動くようにすればよいだけのこと。修理できる業者を探し、名古屋からわざわざ大多喜まで来てもらい、後日、蒸留機が無事動くことを確認できた。

蒸留所のそばのささやかな小屋

建物の完成と時を同じくして、ぼくがセルフビルドでつくっていた小屋も竣工《しゅんこう》をひっそりと迎えた。そう、じつはこの数カ月間、小屋づくりに夢中になっていたのだ。

園内には東屋があり、この柱と屋根を再利用すれば小屋くらい何とかなるだろう、との考えだったのだが、ぼくの予想をはるかに超えて時間を費やすことになった。

壁は新たにつくる必要があったので、ふつうの板にペンキを塗るよりも、味わいのある焼杉にした。焼杉というのは文字通り杉の板材を焼いたもので、表面が黒く炭化しているので、紫外線や風雨などに対して耐久性が高い。一般的に流通している製品はバーナーで一気に表面を焼いたものだが、昔ながらの方法にならった。長い杉板を三枚立て、三角形をつくる。そして下から火を熾《おこ》す。このほうが表面が深く焼け、より耐久性に優れるそうだ。

薪《まき》ストーブも入れて、お祝いに家族でピザを焼いた。初挑戦のピザは、ぼくが思い描いていたようなパリッとした焼き上がりにはならなかった。子どもは大喜びだったが、ぼくはリベンジを誓った。

都会育ちだった妻はこうした暮らしを、いままで経験しなかったものとして楽しんでいるようだ。子どもたちも、こころなしかたくましくなったような気がする。たまに仕事で東京に子連れで行くと、「パパ、東京は人がいっぱいで疲れちゃうね」なんて言うのがおかしい。

養蜂の虜になる

小屋の近くでは、養蜂もはじめた。

千葉の養蜂家の方にミツバチをわけていただいたのだ。

きっかけは、井上さんから紹介してもらった、曽我部さんという方。鴨川に面白い人がいるので紹介したい……とのことだったのだが、なんでもその曽我部さん、仕事を辞め、山を購入し、敷地の木を伐採するところからはじめて家を建設中だそうだ。訪ねていくと、まだデッキとトイレと五右衛門風呂しかできていなかったが、とても素敵な笑顔の人だ。その曽我部さんから、今度養蜂をはじめるのでいっしょに勉強してみないかと誘っていただいたのだ。蜂の家をつくる前に自分の家をつくったほうがいいのでは……と思わないでもなかったが、面白そうなのでごいっしょさせてもらうことにした。講師は勝浦で養蜂業を営む、「中林養蜂」の中林さんだ。

養蜂には三ついいことがある。一つめは、植物の受粉を蜂が媒介すること。二つめは、ハチミツや蜜蝋《みつろう》が採れること。三つめは、ミツバチが可愛いことだ。

中林さんによる養蜂講座は、ミツバチたちと共存しつつ、依存しすぎないという世界観のもので、聞いていて実に気持ちがよいものだった。ミツバチの習性を知る座学にはじまり、山林を散策し蜜源となる樹種や、巣箱を置くのに適切な環境などを教えてもらったり。実際に巣箱を開けて女王蜂・働き蜂・雄蜂の違いを教えてもらったり。

面白いと思ったのは、女王蜂は生まれながらに女王蜂ではなく、同じミツバチでありながら、食べるものや育ち方の違いで女王蜂になるということだ。民意（？）で選出された一匹の蜂を、みんなが支えて女王蜂にしていく。

ただ、やたら女王蜂が増えてしまうとあまり都合がよくない。ミツバチの世界では、新しい女王蜂が生まれるごとに、新しいコロニーができる。これを分蜂というのだが、新しく別の巣ができると、それだけ元の巣の勢いがなくなってしまい、採蜜の量も減ってしまう。なので、女王蜂が生まれる兆候となる王台（女王蜂専用の産卵飼育場で、巣の一部が盛り上がっているように見える）があると、時にはそれを潰さなければならないそうだ。

中林さんが養蜂家になったきっかけは、テレビでとある養蜂家のインタビューを見たことだったという。「なんでこんな楽しいことをみんなやらないのか、わからない」との一言が、中林さんを動かしたのだ。

ずいぶん楽天家だなあ、と中林さんの養蜂の〝馴れ初め〟を聞いて思ったものだが、その後ぼくは、その言葉の重みを身を以て知ることになる。そう、ぼくもすっかり養蜂の虜になってしまった。越冬させるために巣を断熱仕様に改修したり、ドーピングまがいの栄養たっぷりの餌で手厚くケアにいそしんだり、原因不明のコロニー崩壊に悲嘆にくれたり、ミツバチの動向に一喜一憂することになった。

5月の風吹く植樹会

5月の連休には、クラウドファンディングのリターンとして、「植樹から蒸留まで」コース支援者の植樹会を行った。井上さんに相談をして、プラム（貴陽と太陽）、洋梨（ラ・フランス）、アプリコット（信州大実《おおみ》）、エルダーフラワー（サンブカス、ブラックタワー）の合計5種類を用意してもらった。いずれも2m近い枝ぶりの苗木ばかりだ。

そして自ら植樹した樹々に囲まれて、美味しいご飯をみんなで食べられるよう、「chioben」の山本千織さんに料理をお願いした。彼女は前日から泊まり込みで来てくれて、朝早く勝浦の市場に買い出しに行ったり、「mitosaya」内のハーブやエディブルフラワーを摘み、本格的なコース料理を用意してくれた。

しかし、直前で思いがけないトラブルが。東京湾アクアラインの渋滞で、誰も到着できないのだ。ジリジリしながら待っていたぼくが最初に迎えたゲストは、なんと、電車を乗り継いでやってきた母親だった（母もクラウドファンディングの支援者なのだ）。母はめざとくいちばん枝ぶりのよいプラムを選ぶと、これまた何カ所か空けておいた植樹用の穴から最良の場所を選んだ。

穴の中心に苗木を置き、培養土に堆肥や赤土を加えた土をかぶせ、強く押し固める。たっぷりと水を遣ると、濡れたプラムの葉が日差しを反射してキラキラと輝く。いい場所に植えられて、母も、プラムも嬉しそうだ。

やがて、ぽつぽつと支援者の方々が到着しはじめて、胸を撫でおろす。結婚25周年の記念にと来てくださった方もいて、これは頑張って育てないと……と、井上さんと顔を見合わせる。

支援者の植樹会

いつの間にか住み着いた「きなこ」と「あんこ」

「chioben」の料理も素晴らしく、興が乗った母が吹きはじめたオカリナが風に溶け込み、いい一日になった。

この樹々が実をつけるのは、何年先のことだろう。さらにその実からブランデーがつくれるようになるのは、いったい、いつになるのだろうか。この樹々といっしょに大きくなっていく様を楽しんでもらえるよう、長く続けていきたいとあらためて思った。

鬼教官にしごかれながらフォークリフトの免許を取る

この時期は会った人たちから、ずいぶん日に焼けましたね、と声を掛けられることが多かった。別に、バカンスに出ていたというわけではない。そんな優雅なものではなく、大多喜から車で1時間ほど離れた市原の技能講習所に通い、炎天下のもと、鬼教官にしごかれていたのだ。フォークリフトの免許を取るためである。収穫した果実など重いものを運ぶには、フォークリフトがあるに越したことはないからだ。

じつは教習所に通うにあたり、ぼくはひそかに甘やかな期待を胸に抱いていた。映画監督の西川美和がメガホンをとった『夢売るふたり』のため、主演女優の松たか子とフォークリフトの教習所に通ったというエピソードを耳にしたことがあったのだ。しかし実際にぼくを待っていたのは、いっしょに受講する強面《こわもて》のお兄ちゃんたちと鬼教官だった。

学科は無事にクリアしたものの、実技が想像以上にタフだった。ハンドルを左手で操作し、ステアリングが後輪にあるので、運転だけで文字通り右往左往する。さらに右手でフォークを稼働させると、もうわけがわからない。初心者はぼくだけで、鬼教官から容赦ない檄《げき》が飛び、ただただ辛い。そんな講習が朝8時から夕方5時まで続き、ぼくだけ一時間早く朝練を命じられたこともあった。

まわりのお兄ちゃんたちが、「大丈夫っすよ。楽勝っす」と温かい声をかけてくれたのが、どれほど救いになったことだろう。

教習所のすぐ裏には大きな古着屋もあり、昼休みはそこでTシャツなどを眺めるのが唯一の楽しみだった。卒業試験はその古着屋で購入した真っ赤なつなぎで臨んだ。そのおかげで、無事合格。これでどんな重いものでも運べる。

蒸留所開きツアーに向けての準備

6月には、クラウドファンディングのリターンとして計画している「蒸留所開きツアー」の準備に奔走した。月末には4日間にわたり、300人もの人々が「mitosaya」を訪れるのだ。

周囲にも助力を願うと、みんな、それぞれの立場から、人を迎えるにあたり必要なことを提案してくれる。入り口にネオンサインを取り付ける、名刺をつくる、来場者に快適に行き来してもらうために貸切バスを手配する……。

ぼくはといえば、蒸留所として稼働する様子が少しでも伝わるよう設備を整えたい、という思いがあった。それと、来てくれた人たちが食べたり飲んだりできるよう、80人分の飲食スペースをつくること。困っていたところ、ドイツから折しもフラスコやタンクの入ったコンテナが届いた。配送業者のおじさんにも手伝ってもらい、このクレートコンテナをバラし、これをテーブルの天板に、ガラスのフラスコが入っていた木枠を脚に転用することにした。

ツアーでは4日間それぞれ、「mitosaya」の立ち上げに関わってくれているメンバーやゲストを迎えて、イベントも行った。「按田餃子」の按田優子さんによる料理、妻による園内の植物のスケッチ教室。石渡さんと「コエドブルワリー」の朝霧さんによるフードとクラフトにまつわるトーク、井上さんによる植物講座、そして建築家の中山さんとデザイナーの山野さんによるデザイン・レクチュア。

いずれも盛況で、まずはお披露目ができたことで、ぼくは胸を撫でおろした。

集まってくれた大勢の人たちの顔を思い浮かべるたび、自分たちしかいなかった場所に、徐々に人が集まり出すことの、力のようなものを感じる。

頭のなかにふと浮かんだのは、アーティストのゴードン・マッタ=クラーク（Gordon Matta-Clark）のことだった。ちょうどこの時期、国立近代美術館で彼の展覧会を見る機会があったのだ。

まちや社会にアートを介入させる作風で知られる彼のキャリアで特に有名なのが「Food」という、アーティスト仲間と運営するソーホーのレストランだ。これは「食」という普遍的な行為をパフォーマンスの場とし、人々が集うこと・つながること・そして表現することを投げかけたものなのだが、アイディアのもとは、彼が友人の誕生パーティに花束ではなく食べられる花をもって行ったことだったそうだ。

いまでこそ一般的に知られるようになったエディブルフラワーだが、1970年代当時はさぞ珍しかったことだろう。飾るだけではなく食べられる、逆にいえば食べられるだけではなく飾ることもできる。一輪の花が、いくつもの役割をもち、行為を触発する。それを自分たちの環境に置き換えると、「働きながら食べられる」レストランが生まれたというわけだ。その時の会話を想像し、発想の転換に胸が高鳴る。

社会的なスタンスで語られることの多い「Food」だが、マッタ=クラークにとっては、食べ終わった肉の骨をネックレスにリサイクルしたり、生きたエビを供するなど、食べ物を使ったアートショーを行う一面もあった（ちなみにレストランの料理はふつうに美味しかったそうだ）。

食事の共同性も大切だが、みんなで食べればそれでいい、というわけでもないと思う。それなら、学校の給食と変わらない。つまり、つくる人・集う人・使う素材・提供するメニュー・場所のしつらえ・地域との関わり――こうしたものが複合的に組み合わさり、さらには経済活動として成り立たせなければならない。

「mitosaya」も、マッタ＝クラークにとってのエディブルフラワーのような、前向きな予想外のきっかけをつくれる場所にできれば、と思う。

一歩進んで二歩下がる――保健所の指導

じりじりと日差しが照りつく真夏のある日、ようやく保健所から営業許可が下りた。

蒸留所として営業するためには、消防署や税務署などへの許可申請のほかに、保健所への営業許可申請も必要なのだ。

「mitosaya」のように、まったく用途の異なる建物を蒸留所へ改修するというのはあまり前例がない。設計中や工事中は、何度か保健所に相談に行って図面や建材のサンプルを見てもらい、指摘を受けたらその都度修正し、不明点は逐一問い合わせをしながら進めて行った。

そして改修工事が完成し、蒸留機が設置されたところであらためて、許可申請のために一連の必要書類を提出、最後に現地検査に来てもらうことになった。

通常ならば、申告通りに適切に建設されているかを確認する程度なのだが、現地調査に来た保健所の担当者は一通り見たあと、いったん持ち帰らせてほしいと言う。

嫌な予感がした。

案の定、数日経ってから保健所に来てほしいとの連絡が入る。訪ねてみると、なんと、天井を新たに張るようにという指導を受けた。

酒類製造所の建造物に求められる条件として、「平滑で掃除のしやすい天井であること」という一文がある。これが満たされていない、というのだ。

改修では既存の平天井をはがし、屋根の形を見せながらトップライトを新たにつくった。窓のない部屋に光を入れ、換気を行うためだ。そして発酵室・蒸留室の天井には配線を収めるためにスタイロフォームという発泡体の断熱材を「現《あらわ》し」で使った。これが、「天井」と認められず、屋根裏が剝き出しで天井が張られていない、という判定の原因になったようだ。

運が悪かったのは事前に相談していた担当者が春に退職し、引き継ぎがされておらず、当時の状況をわかる人間が誰もいないということ。これは天井なんです、と力説しても理解を得られない。

同じようなつくりで酒類を製造しているところは全国にいくらでもあるのだが、保健所からは、千葉県内で平成12年以降につくられた建造物でないと参考にならないと不可思議なルールを持ち出される。本来ならば国の基準が大本にあるはずなのに、県ごとに判断が異なるのも不思議だ。

ともあれ必死で既往の事例を集めて前担当者との議事録もつくり、構造に関する図面を用意し、再度提出した。数日後、「蒸留室において汚物混入を防ぐための補助的な構造物を設ければ、再検討できる」との回答が返ってきた。いままで多くの蒸留所巡りをしてきて、我ながらこんなのは見たことがない……と首をひねりながらもぼくは、蒸留機の抽出口近くに小さなカバーを設置した。

ふたたび検査にやってきた保健所の担当者は、それを見たのち、数日後に許可が下りたとの連絡をくれた。

前進したのか、本来の場所からようやく動き出せるようになったのかよくわからないが、とりあえず、前へ、前へ。

蒸留所の備品をセレクトする

備品選びも、ぼくの頭を悩ませていたことの一つだった。元来、買い物は好きなほうなので、半分は楽しみでもあったのだけれど。

というのも、手洗い槽だとか蒸留用の浄水器というのは、いまひとつコストの基準がわからない。かといって、機能・サイズやコストだけを優先させて適当に選んでも、のちのち後悔することは目に見えている。取り寄せたカタログや本をひっくり返し、ネットの海に溺れながら悩む日々が続く。

蒸留所の備品選びにあたっては、○○風のような基準で選ぶのはやめようと決めた。

クリストフの「Stählemühle」のようなストイックなまでの無垢《むく》でインダストリアルな路線と、「mitosaya」の改修デザインをした中山さんのユーモアと軽さのある洒落っ気。それらをベースにしつつ、この場所に置くにふさわしいものをフラットに考える。

そうして買ったものについて、いくつか例を挙げてみる。

まず、手洗い槽。保健所のルールで、製造所の出入り口には手洗い槽を設けなければならない。入り口が複数ある場合は、原則それぞれに必要となるが、入って出るという一方向の工程を説明して免除してもらい、原料の保管所と蒸留室にあわせて2つつけることにした。

実際に手洗いとして使うなら、どこにでもある陶製の丸型のタイプにすればよいのだが、実際に手を洗うには小さすぎる。道具を洗うことも想定して、「Utility sink」と呼ばれるものからまずあたってみた。いろいろ探した結果、スイスのシンクメーカー「FRANKE」製に。シンクを支える壁付きブラケットが鋭角でカッコいい、というのがその理由だ。附属で可動式の

「FRANKE」のシンク

ワイヤーもついていて、バケツを洗うのにも都合がよさそうだ。

また、ホースとホースラックも、蒸留酒づくりにとっては重要だ。クリストフがいかに清掃を大切にしているかは前述した通りだが、酒づくりの半分は清掃、と言われるほど。何かにつけてホースを引っ張り出して水洗いをする。ホースは手元で流量を調整でき、絞った時にはブラシ代わりになるくらいの強度が欲しい。

当初は工場用の製品も探してみたのだが、「mitosaya」の規模には少々オーバースペックなものばかり。そこで、外国のガーデン用品を探してみることにした。目に留まったのが、アメリカのテレビショッピングで大人気というもの。何でも芝刈り機で踏んでも破損しないという、ステンレス製の丈夫なやつだ。ホースラックは「コエドブルワリー」でもらったドイツ製の壁掛け型ホースラックが使い勝手がよかったので同じものをひたすら探し、見つけることができた。

そして浄水器。仕込みや希釈に使う水は、当初からの悩みの種だった。井戸を掘ることも考えたが、見積もりをとったところ思ったより高く断念。近くの井戸水を使わせてもらおうかと水質検査に出したところ、悪くはないが素晴らしくよい水質というわけでもなく、浄水器の導入を検討することにした。いずれにせよ、食品に井戸水を使う場合は、減菌器という塩素注入器を使用しなければならない。それならば、上水（水道水）を使ってもよいのではないか……と考えるようになったのだ。

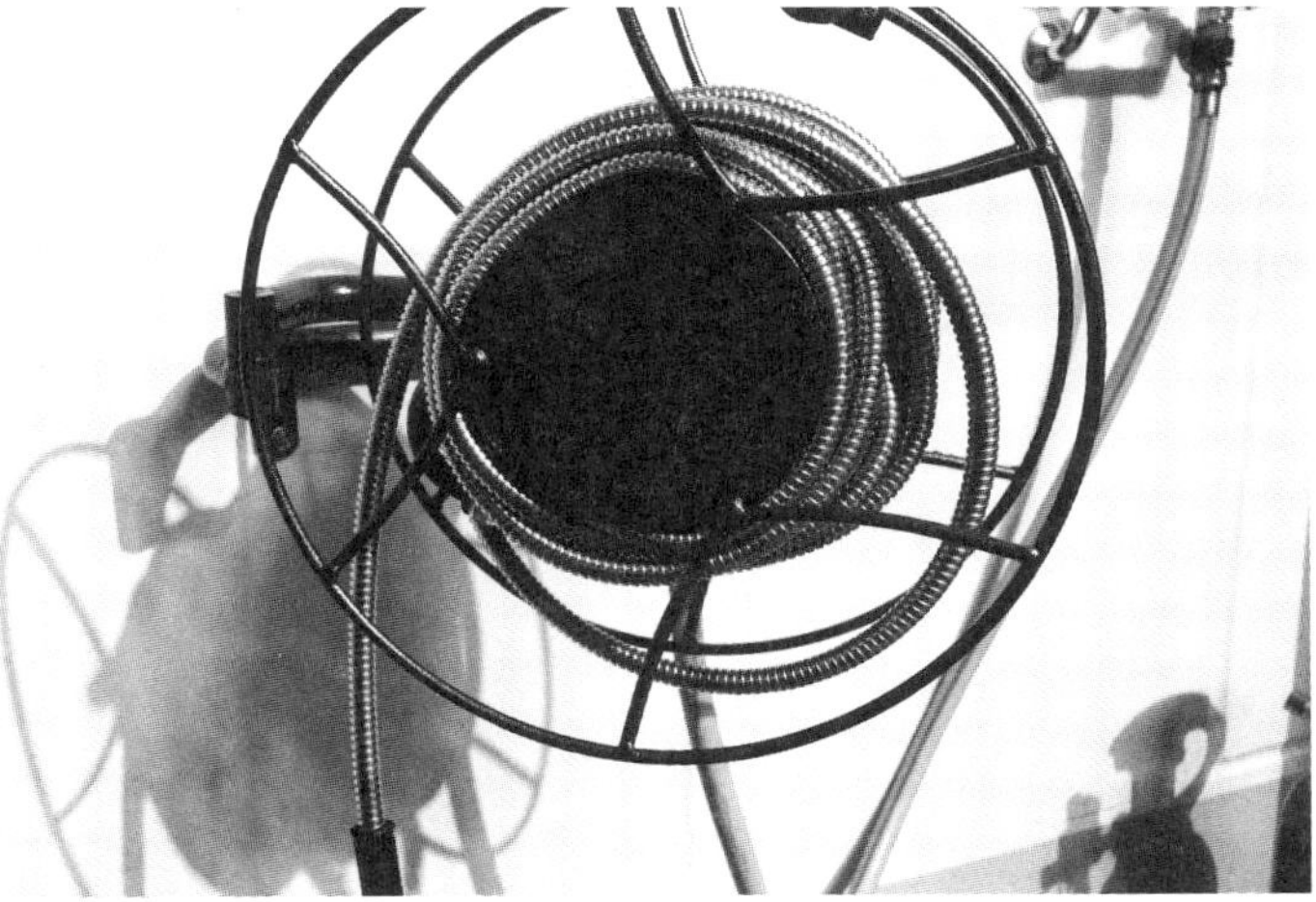

ステンレス製のホース

ホースと同様に、工場用の浄水器はオーバースペック。しかし家庭用では物足りないと悩んでいたところ、中山さんと立ち寄ったコーヒースタンドで使われていた浄水器に目を惹かれた。それは「EVERPURE」というアメリカ製のもの。欲しい水質や使用量に応じて豊富なラインナップが揃っており、金属製のカートリッジごと交換するので機能的・かつ衛生的である。見た目にもインダストリアルな美しさを放っているのも、ぼくにとってはポイントが高い。

使いたい水のタイプにあわせてカートリッジも選択もでき、ぼくはブロックカーボンの浄水に加え、イオン交換樹脂によりカルシウムやマグネシウムをナトリウムに置き換えて軟水化する機能もついている機種を選んだ。

最後はスツール。蒸留機の前にいる時間はけっこう長くて、1回稼働させると1時間半~2時間くらいかかるのだが、それを1日、4~5回行う。基本的には蒸留機の前にはいるものの、立ちっぱなしではない。記帳や計測、たまには読書ということもある。そこでスツールは、水に強く、自由に動かせるキャスター付きのものにすることにした。

たまたま散髪に出かけたら、美容師さんが座っている椅子がまさにうってつけだった。アルミ製でキャスター付き、上下動もスムーズだ。譲ってほしいとお願いしたものの、当たり前ながら、さすがに無理だと言われてしまう。

聞いてみたところ、美容用品メーカーが美容室向けに販売している「Dスツール」というも

機能的かつ美しい浄水器

美容室向けのスツール

のらしい。しかし現行品はちょっと脚の形が好みではなかった。そこで、美容商材の中古マーケットプレイスに登録し、２カ月ほど経って購入できた。

最後まで立ち塞がった酒造免許の壁

あまり方向性を絞りこみ過ぎないで、手を動かしながら、結果的にできたものを誰かが気に入ってくれれば……という理想を描いていた。

ただ、最大の問題は、ぼくがまったく手を動かせないことだ。

蒸留所が完成してから、クラウドファンディングのリターンの準備にいそしんだり、汗だくでフォークリフトの免許を取ったり、保健所への対応に奔走したり、器具を揃えたり。

肝心のことができていないことに、気づきませんか？

そう、蒸留酒をつくれていないのだ。

大多喜の山々が色づきはじめ、実りはじめる果実を前に、ぼくは蒸留どころかその前段階の収穫・発酵にも取りかかれていなかった。

これは忙しくて手がまわらない、という問題ではなく、千葉県から蒸留酒をつくる許可を得られていないためである。

税務署に酒造免許の申請を出したのが、1年ほど前だろうか。担当者が3人代わり、心が折れたところで行政書士さんに助力をあおいだが、千葉県の税務署ではこうした蒸留所は前例がないらしく、いまだ許可が下りないのだ。

そしてぼくにはなぜ許可が下りないのか、まったくわからないので手の打ちようもない。もう事業として動き出しているし、お金も借りて蒸留所もつくった。お披露目もした。機材も揃えた。大勢の人たちが力を貸してくれている。目の前で材料となる果実が実っている。

なのに、蒸留酒がつくれない。

正直この頃は、さすがに楽天家のぼくもかなり落ち込んでいて、精神的にも少々不安定だった。まわりもみんな心配してくれているのだが、すべては税務署の采配にかかっており、ひたすら待つことしかできない。

いまできることをやろう、と自分に言い聞かせても、酒造免許が下りなければそれすらも無駄になってしまうのでは？　という不安に苛まれる。しかし前に進まなければ、いざ免許が下りた時に動き出せない。

そんなジレンマをかかえつつ、一日一日が過ぎてゆく。

これから晩秋になり、果実が本格的に収穫シーズンを迎える。というよりも、収穫を目の前にしながら逃しつつあるのが現状だ。

そうなったら、いったいいつ蒸留酒をつくれるのだろう。

待つことしかできないのが、耐え難くもどかしく、そして苦しい。

そして膨れ上がる不安に押し潰されそうになっていた初冬のある日、あっけないほどにさりげなく、税務署から連絡がきた。

許可が下りたのだ。

感激、というよりも、むしろ気が抜けたような、憑《つ》き物が落ちたような思いで、ぼくは税務署に書類を受け取りに行った。

ぼくにとっては燦然《さんぜん》と輝かんばかりの価値をもつ許可証だが、実際に目にしたそれは、A4の普通紙にプリンターで印字された、実に無味乾燥なものだった。

免許が下りて数日後に来客があったので、ようやく取れたんですよ、と許可証を見せようとしたら、見つからない。ぼくのこれからの人生を左右しかねない許可証は、娘の算数の宿題やら学校のプリントにまぎれ込んでいた。それくらい、そっけない書類なのだ。

帳簿との格闘

ともあれ、酒造免許が下りたのでようやく仕込みができる。

ホッとするあまり、何から手をつけていいのか頭が働かなかったが、とりあえず急務である書類関係から片付けることにした。

タンクの容量を量り、検定する。製造予定品目のリストを提出する。帳簿を用意する。この帳簿なるものが実にやっかいで、原料をどこから入手して、発酵させたらどのくらいのアルコールが生成されて、熟成させる容器はどれで……といったふうに、原料から製品になるまでの工程ごとに、容量とアルコール分、そして容器を記帳していかねばならない。

これほど細かな要項を提出しなければならないにもかかわらず、不可解なのは、特にその書式が決まっていないということだ。税務署に問い合わせたところ、古くからの酒造メーカーも多く、一律に指定するのが難しいためフォーマットを定めていないとの返事だった。

こちらは個人参入者で右も左もわからないのだから、ある程度形式が定まっていたほうが手がかりになるのだが、ないものはないので仕方がない。インターネットで検索しても、酒類製造用の帳簿書式はなく、個人でやっている方は独立前に所属していたメーカーでの書式にならってつくっているようだ。

困り果てているところ、税務署の担当者が他社のサンプルを見せてくれることになった。これまでは、チェックする・チェックされるという一方的な関係だったが、税金を払うためのサポーターとして助け舟を出してくれるようになったのが、ありがたい。

蒸留酒のスパイスのような個性的な生産者たち

さて、次は収穫と仕込み。

本格的な収穫シーズンには間に合わなかったので、生産者のみなさんに急いでコンタクトをとる。井上さんのツテを中心に、まずは千葉で果実づくりに取り組んでいる方々から。いずれも、情熱をもち、自分の土地の特性を活かしながら創意工夫を重ねているので、話していて面白い。もちろんそこには、商売として戦略的な目線も含まれており、刺激的なおじさんばかりなのだ。

まず訪ねたのは、鴨川の山あいでレモンを栽培している古泉さん。古泉さんの土地は、日当たりがよく風が遮られるという、レモンには理想的な土地だ。ほかにはブラッドオレンジやみかんなど柑橘系に取り組んでいる。ご夫婦で栽培しているレモンは減農薬で、ゴツゴツとした手触り。見ているだけで、味も香りもよいことがうかがわれる。

ビジネスセンスもばっちりで、「いくらで買うの？」と希望価格をまずこちらに言わせる。値段交渉が何よりの楽しみという、食えないおじさんだ。ここ最近はレモンサワーがブームで国産レモンの需要が増えているらしい。この間も某大手酒造メーカーから数トン単位で注文があ

古泉さん

ったとのこと。そうした引く手数多《あまた》のレモンをいくらで欲しいか、なんて聞かれても、ちょっと困ってしまうのだが。訪ねた時は酢橘《すだち》も熟れており、こちらも収穫させてもらった。

柿も、ぼくがブランデーをつくってみたいと考えていた果実の一つだ。

これは、大多喜の隣のいすみ市で10種類以上の柿を生産している金綱さんにご助力いただく。金綱さんとは、元々は休耕地を借りようと役場を訪ねた折に紹介されて知り合った。もっとも、土地を借りる話の代わりに、柿の売り込みをされたのだが……。

金綱さんの家の隣にある柿畑では、酢橘などの柑橘もつくっている。庭ではブルーベリーやキウイを育て、冬はハウスで花も栽培するという忙しい方だ。

柿のブランデーは、クリストフのところでもやっていなかったので、将来的な製品化にあたり、まず、試作をしてみるつもりだ。今回は、出荷基準に満たないサイズのものや小さな傷のあるものをわけてもらった。

みかんも、「mitosaya」ならではの試みだ。クリストフの「Stählemühle」を代表するプロダクトの一つが、ブラッドオレンジのブランデーだが、さしずめみかんはその日本版といったところだろうか（もちろん、仕上がりはまったく異なるものになるだろう）。

みかんは、大多喜から内房に抜けていく市原市の山中にある房総十字園に依頼をする。市原市で唯一のみかん農家である。土地は平坦で、下草もしっかり整備されたみかん畑で、ちばエ

金綱さん

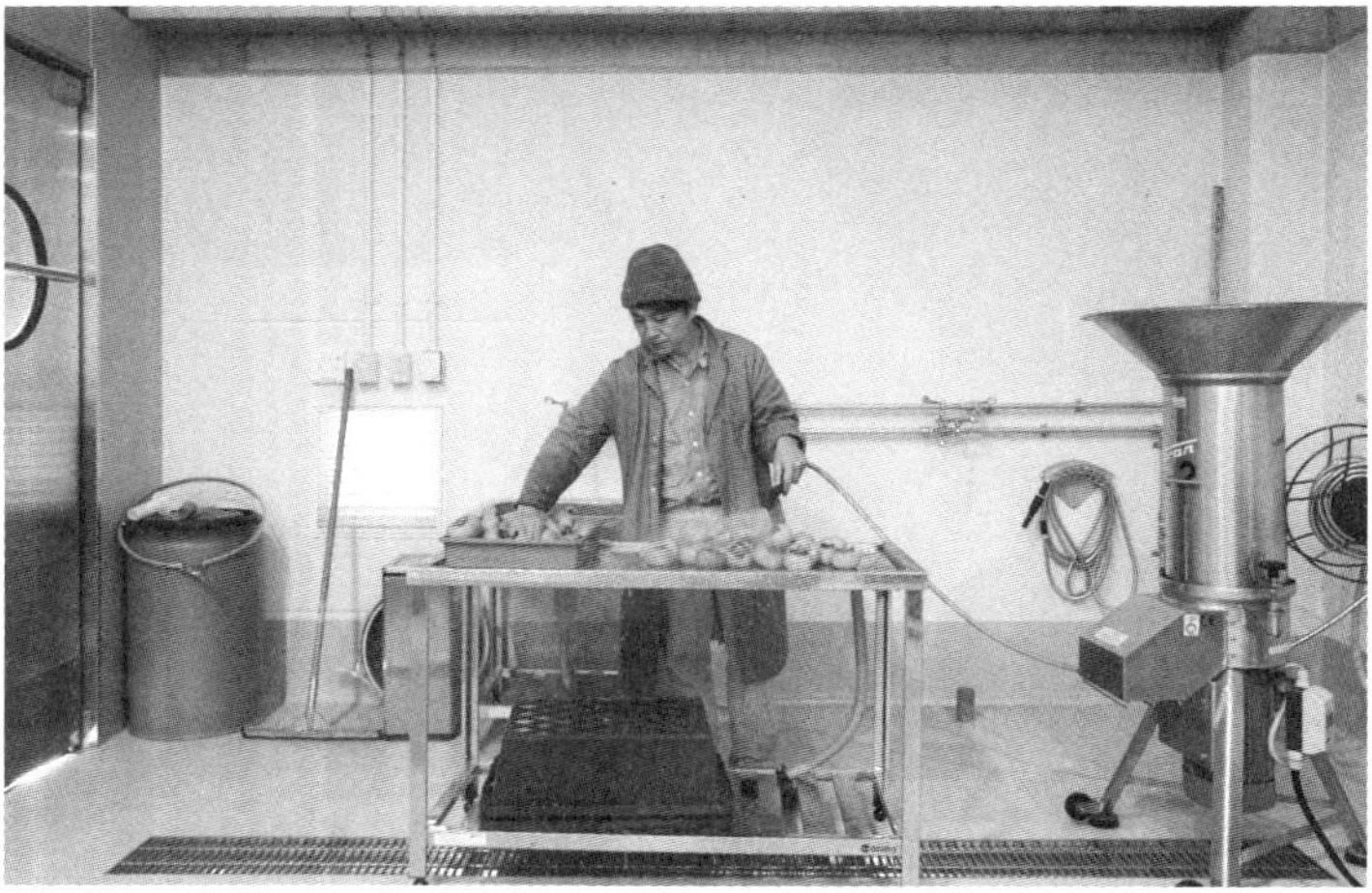

柿の洗浄作業

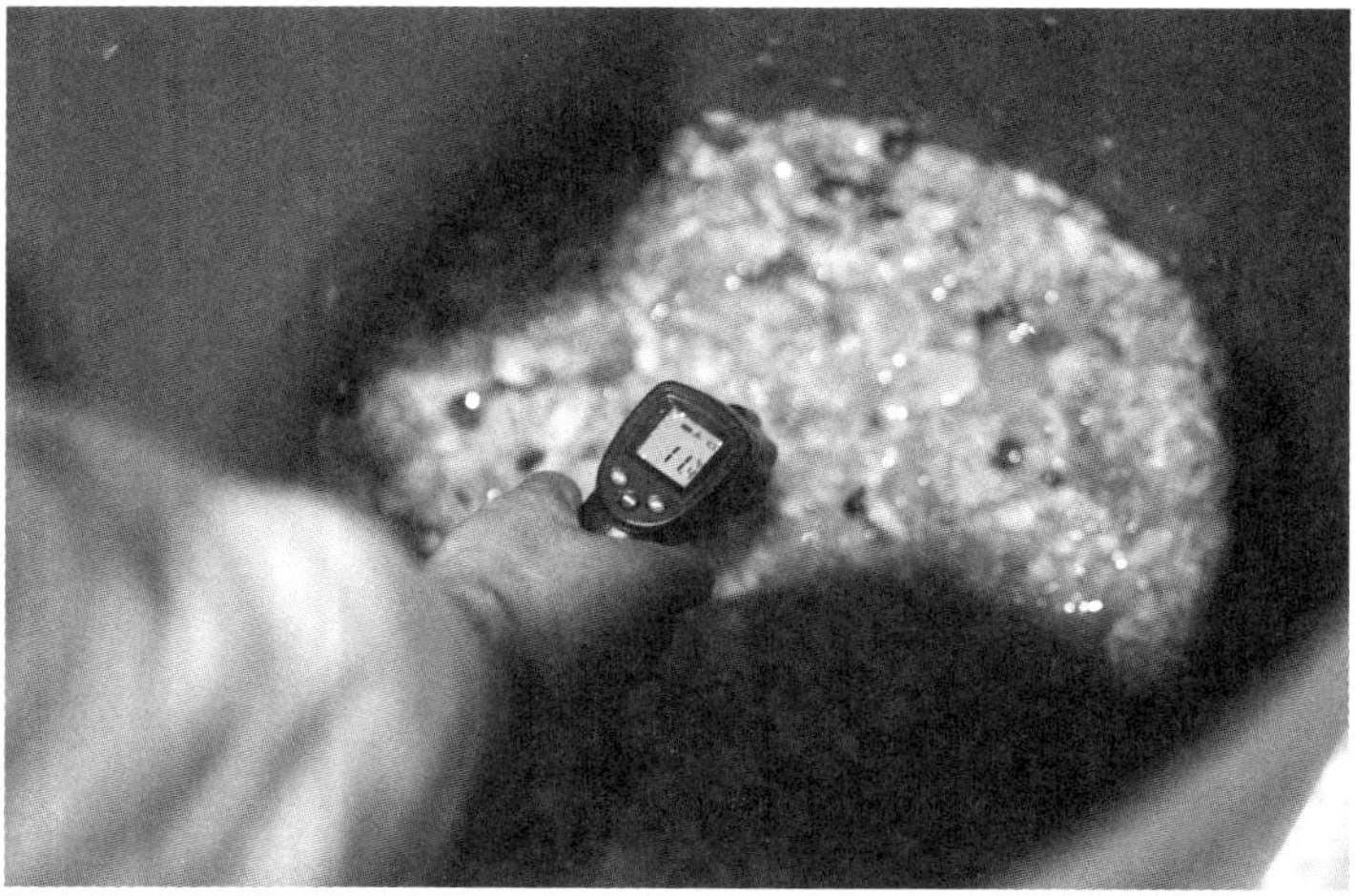

温度を計る

コ農産物認証の温州みかんを中心に栽培している。ただここは、みかん狩りに訪れた来客用で、この農園の真骨頂は、平地の先にある斜面で育つみかんだ。ここで収穫させてもらうのは、日南《にちなん》という実も大きく皮も厚みがある品種。

樹木に実を残したままだと、そこから病気が発生してしまうこともあるので、傷んでいるものも含めてすべて採る。ヘタの近くを鋏《はさみ》で切ると簡単に採れるのだが、枝の下に入るために腰をかがめたり、上方につく実を採るために背伸びをしたり、いろいろなポーズをしながらみかんを収穫するのはけっこうハードだ。

この年は夏がひどく暑く雨も多かったため、旬の時期が短く急いで収穫しなければならないということで、「mitosaya」チームも招集してなんとか半日で収穫。オレンジ色だった山が、去る時には緑になっていた。

そして忘れてはならないのが、井上さんと創設した農業法人・苗目のハーブだ。春に植えたハーブは収穫時を迎え、今回はレモンバジル、ニガヨモギ、ベトナムコリアンダー、モロッコミント、パープルセージなどを伐採。ばっさりと刈ると、来年またひとまわり大きくなって生えてくる。ハーブは収穫した瞬間が、いちばん香りが強い。その場で車に積み込み、持ち帰って加工ができるのはありがたい。

これらの収穫した果物やハーブを「mitosaya」にもち帰り、下処理をして発酵させた。

いよいよ試作のため、蒸留機を動かすのだ。

長かった。

ここまでたどり着くのに、どれほどの時間がかかったのだろう。

しかし、それに比して蒸留機を稼働させる時間は1時間半と、あっけないくらいに短い。

感慨にどっぷり浸る間もなく、抽出口から蒸留液が流れ出てくる。

一口含んでみる。

蒸留したてのアルコール度数は、90度を超える。

舌に刺さるような、強烈なアルコールのなか、かすかにベースに果実の味がする。

クリストフのもとを訪ねてから3年余、ようやくぼくは、蒸留家として一歩を踏み出した。

パッケージングの要、瓶の制作

1年以上にわたり試行錯誤していたボトルが、ようやく形になってきたのもこの頃だ。

クリストフのつくる蒸留酒が、そのボトルも含めて一つの美学を織りなしていることを考えると、ボトルはおざなりに間に合わせるべきものではなく、中身であるブランデーと同じくらい、価値あるものをつくりたい。

当初は日本酒やビールで採用されている、再利用できるリターナブル瓶（リユース瓶）を使いたいと思っていた。というのも、元薬草園だった「mitosaya」は、人が住む場所でもなければ工場のような事業所でもないためか、ゴミ収集車がきてくれないのだ。できる限りゴミを出さず再利用するよう心がけてはいるものの、どうしてもゴミは出てしまい、2カ月に1回ほど、町営の環境センターという処理施設に持ち込んでいる。ゴミの種類ごとに場所が決まっていて、車で回りながらそれぞれの場所に捨てていくのだが、うず高く積まれたガラス瓶を見るにつけ、ここに捨てられるようなものをつくることが、本当に必要なのかと考えていたのだ。

しかし調べてみるとリターナブル瓶を使うには、自社で大規模な洗瓶・検査設備を用意する必要があり、また団体に所属する必要もあるようだ。とてもじゃないが新規蒸留所が採用できる仕組みではないことがわかった。

ではほかのガラス瓶はどうかというと、ほとんどの瓶は、回収されたあとに砕かれ、カレットと呼ばれるガラス屑《くず》になる。珪砂《けいさ》や石灰石にカレットを混ぜ、熱を加えて溶解することで、新しい瓶ができる。新しくつくられる瓶にカレットが使われる割合はほぼ１００％。ガラス瓶の存在そのものに、リサイクルの仕組みが備わっているのだ。

既存品のカタログを請求しようといくつか問い合わせをした瓶製造会社のなかに、ちょうど蒸留酒用の瓶を開発しようと計画している会社が岐阜にあることを知り、問い合わせをした。

環境センターのガラス瓶の山

「日本耐酸壜工業株式会社」というその会社から送られてきた資料を見て、ぼくは驚いた。彼らが開発の参考にしているという瓶は、「Stählemühle」のものだったのだ。

そしてぼくがクリストフのもとで修業していたことも知り、ぜひ会いたいと言ってくれている。目に見えない巡り合わせに感謝した。

上京した担当の浅野さんは、ガラス瓶について何の知識ももたないぼくらに対して、実にていねいにレクチュアしてくれた。

まず新しく瓶をつくるには、金型《かながた》をつくる必要があること。その金型代は数百万円から1000万円程度。工場では常に炉を稼働しているわけではないので、一度炉を動かしたら最低でも1日はつくり続けなければならない。よって、最低ロットは数万〜数十万個となる。

そして市販の飲料やお酒の瓶は、たいていは「とめ型」と呼ばれるオリジナルの型で、気に入ったものがあっても他社が使うことは難しい。また瓶の製造ラインはガラスの原料によってわけられているので、ほかの色を使うことは難しい。今回選択可能なのは透明色。

……と、ものすごく高いハードルを提示された。

ぼくと石渡さんが想定していた生産数は年間約1万本。最低ロットにすら手が届かない。

しかし浅野さんは、こう請け負ってくれた。

新規製造にかかる金型代は負担するから、いっしょにオリジナルをつくろう――と。

最低ロットに満たなくとも、ある程度仕入れ数が確保できればだいじょうぶ、ただできたものは一般にも販売したい、とのことだった。

願ってもない話だ。

ぼくらとしては好きな形をつくることができて、数量的にも負担が大きくない。一般に販売されるというのも、デザインひいては「mitosaya」が周知されるきっかけにもなる。

ぼくらは二つ返事で浅野さんの提案を受け入れた。

そしてまずは、デザイン案をこちらから提出することに。「mitosaya」チームで、頭をつきあわせ、ああでもないと議論する。そんな時に思い出したのが、「日本耐酸壜工業」の社名の由来ともなった耐酸瓶のミニチュア型だった。昭和初期に酢酸を入れるためにつくられ、藤の籠に入れて破損を防いだというものだ。現在はポリタンクなどに取って代わられ生産されていないのだが、ずんぐりした丸い形が愛らしい。この形をモチーフに、丸型と角型二つのデザイン案となるスケッチを起こしてみた。それをもとに、浅野さんサイドで製造ラインに乗せる図面をつくってもらう。送られてきた図面を見ると、実現に一歩近づいたような気になって心が躍る。

しかし、３Ｄモデリングされた画像を見て、一抹の不安がぼくの頭をよぎった。もしかして……という懸念に突き動かされ、自分でスタイロフォームを削って形にしてみる。不安的中。もちづらい。

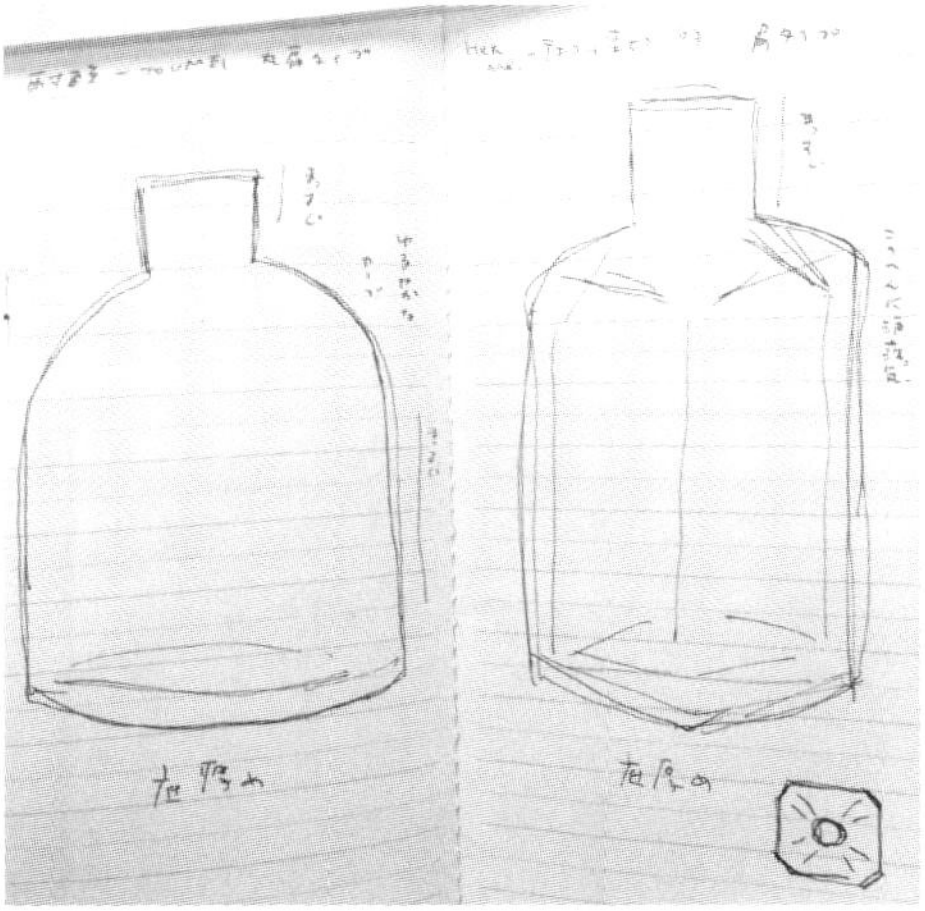

ボトルのデザインスケッチ

グラスに注ぐ時をイメージしながら、形を考える

ぽってりした形は愛嬌もあり、眺めているぶんには実にいい。しかし酒瓶は、置いてその姿を愛でるだけのものではない。片手でもって、なかの液体をグラスに注がなければならない。いまの形状は、片手でもつには太すぎるのだ。

しかし丸型をそのまま細長くすると、どこかで見たようなデザインに。丸型はいったん諦め、角型をブラッシュアップする方向に軌道修正する。

ぼくの性格からいって、耐酸瓶の背後にあるストーリーに寄りかかりたくなるのだが、そこは潔く割り切って、純粋に好きな形を突き詰めることにした。もちやすく、かつ眺めて美しく、なかに入っているお酒が魅力的に見えるよう、角の落とし方やカーブ、口の長さを懸案とする。ついに満足するデザインに行き着き、サンプル作成に。３Ｄプリンターでつくることもできるのだが、透明でないとイメージを取りちがえる可能性もあるので、実際にガラスでつくってもらう。

試行錯誤の末、瓶は美しいものができそうだが、次の課題は蓋。蓋って瓶にセットでついてくるものじゃないの？　とぼくも疑ってもいなかったのだが、瓶をオリジナルでつくるとなると、蓋は別途、専門の業者に製作を依頼する必要があるそうだ。小さいくせになかなかどれないやつだ。そして気密性や開けやすさ、液だれがしないなど機能を満たしつつ、見た目の美しさや瓶との相性が求められる。

ようやく納品された瓶。瓶に栓がぴたっとはまった

ネットを検索してもこれぞという業者が見つからず、さてどうしたものか、と悩んでいたある日、大多喜のぼくの家に飛び込みでセールスがやってきた。

一体何のセールスだろうと訝《いぶか》しみながら応対すると、なんと、蓋の業者さんだという。わざわざ大多喜のような都会から離れたところへ来るからには、ぼくがやろうとしていることを知っていてのことなんだろうが、それにしても、運だとか見えざる力のようなものってあるものだとつくづく感じる。ぼくは大いに感激し、この担当さんと盛り上がった。

この会社のラインナップに、とても素敵なデザインの蓋があった。蓋というよりもガラス製の栓で、チェコの「Vinolok」社でつくっているという。ただそれは、瓶もあわせてワンセットの商品。しかしながら瓶は「日本耐酸壜工業」と奮闘している。無理をお願いして、特別にこれからつくる瓶の口に栓の形状が合うよう、チェコと技術共有をしてもらい、栓だけを使わせてもらえることになった。

しかし実際には、これがなかなか難しかった。

というのも、ガラス瓶の内側の形状は、厳密には型ではなく、製造工程での空気を吹き入れる強さと冷却具合の調整具合によって決まるのだ。サンプルではなかなか栓に合った寸法・形状にならないのだが、調整を重ねてもらい、事なきを得た。

こうして瓶はいよいよ本生産の日を迎え、ぼくも岐阜・大垣の工場で見学させてもらった。

訪ねたところすでに生産ラインは稼働しており、工場内は猛烈に暑い。炉の温度が1700℃にものぼるためだ。炉からは、液状化された真っ赤なガラスが目にもとまらぬ速さで製造ラインへと送られていく。成形工程を経て8つのラインから、スタイロフォームで形を検証した角形の瓶が飛び出してくる。コンベヤーに載る頃には、あれほど赤かったガラスが薄いオレンジ色へと変化していき、そして透明になる。魔法のようだ。

このあと歪《ゆが》みのないように温度調整をしながら冷却し、コーティング・検査・出荷という流れになる。

ボトルに貼るラベルは、本における表紙と同じように考えた。果物や植物を使ったお酒は、そのもの自体を具体的にパッケージにしてしまうとイメージが限定されてしまう。そこで画家・クサナギシンペイの抽象画からそれぞれの銘柄になんとなく合う部分を切り出すことにした。色鮮やかな抽象画は、原料との緩やかな関連を想起させる。そして絵と内容が合っているかどうかは飲めばすぐにわかる。

また、ボトル表面のラベルを留めたロウは、蒸留後のもろみから色を抽出したもので、無色透明の蒸留酒に原料の手がかりの残すようなつもりで考えた。

もう少しだ。

誰も味わったことのないブランデーを

5月の植樹会にはじまり、ほぼ毎月行っていたオープンデイだが、2019年3月にしてようやくファーストバッチを披露することができた。

この時は恒例の蒸留所ツアーに加え、出張料理人・岸本恵理子さんによるジビエ＆いすみ豚のランチ、井上さんによる「ミツバチのための庭づくり」のワークショップ、南房総のグロサリーショップ「AMBESSA & CO」によるオーガニックのドライフルーツやナッツの販売、いつもお世話になっている地元の上野電気工事さんの花・野菜の販売、現役農大生・山口歩夢くんによる世界の蒸留酒テイスティングコーナー、大場文武さん・竹村英晃さん二人のバーテンダーによる「mitosaya」カクテルの提供、子どもたちによるバザーを企画した。

この日に向けてつくった蒸留酒は5種。

「AMBESSA & CO」のカカオニブ（まさに「実と莢」の「莢」の部分だ）の甘苦さと農業法人・苗目で栽培したチョコレートミントの爽快なテイストが溶け合った「CHOC & MINT」。次郎柿でつくったブランデーを若干加えたことで、バニラのような風味が感じられる。

「KAWAJIMA FIG」は、埼玉県比企郡川島《かわじま》町の特産である桝井《ますい》ドーフィン種のいちじくを使

2019年3月のオープンデイ、温室にてカクテル・バーを

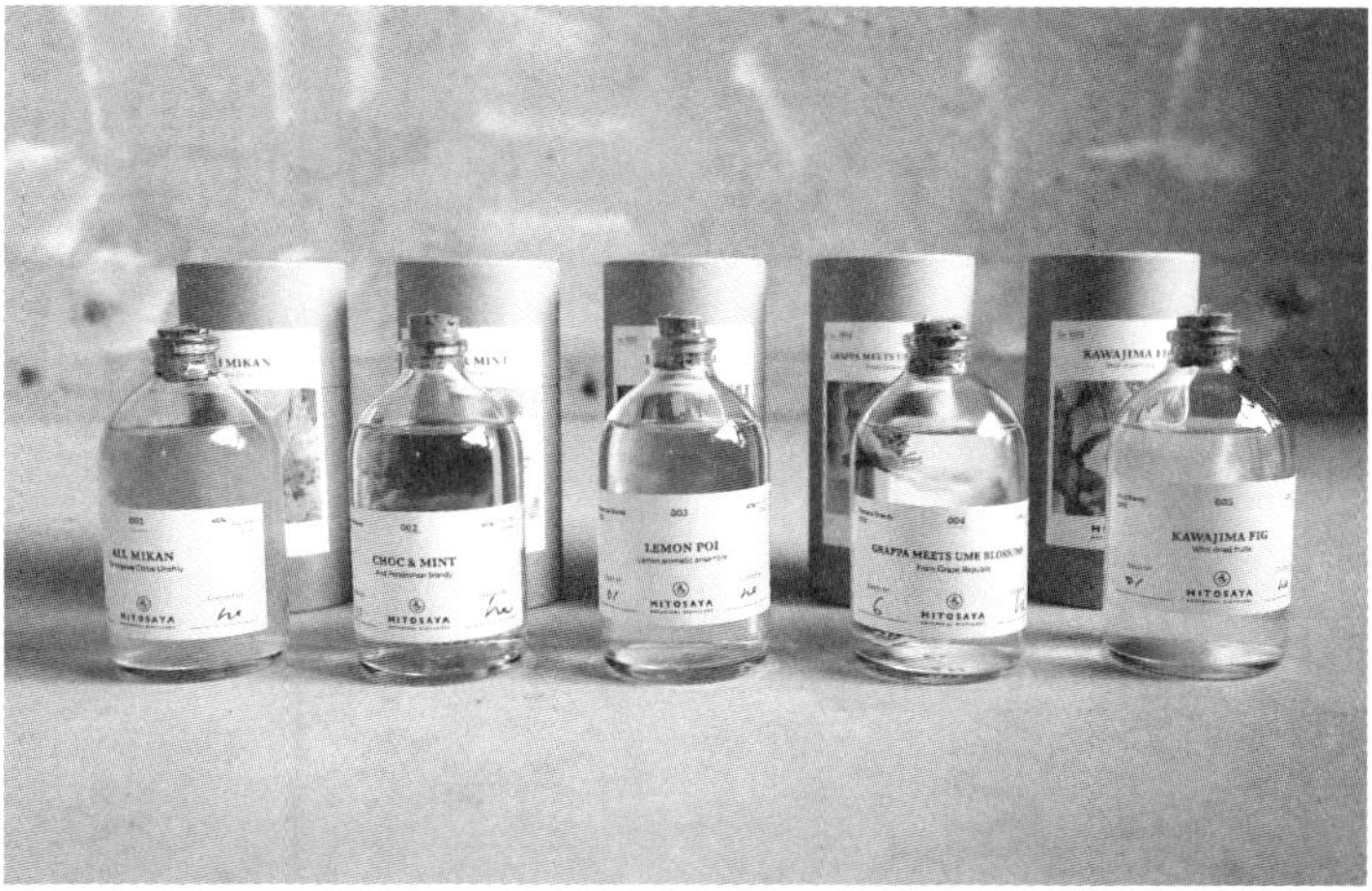

ファーストバッチ

った。桝井ドーフィン種というのは、実業家にして種苗業者の桝井光次郎が1908年にカリフォルニアから持ち帰った品種を改良したもので、実が大きく甘みも強い。この蒸留酒には、「AMBESSA & CO」でわけてもらったトルコのオーガニック・ドライ・フィグも同梱した。別の容器にブランデーを移し、ドライ・フィグを漬け込み一昼夜経つと、液色が美しい金色に変わるのだ。

「GRAPPA MEETS UME BLOSSOMS」は、山形県南陽市のワイナリー「グレープリパブリック」から譲ってもらった、ナイアガラとマスカットのフレッシュな搾り滓（ポマース）を発酵させたもの。ポマースには糖分も水分もほとんど含まれていないので、加糖・加水をする。冬季の低い発酵温度でゆっくりと発酵させたのち蒸留し、グラッパに。さらに「mitosaya」の敷地内の白梅の花を、香りがもっとも強い咲きはじめの頃に摘み取り、グラッパをブレンドしたライススピリッツに漬け込み蒸留。ボトルには梅の花びらも閉じ込め、日本の蒸留酒らしい繊細な一品をめざした。

「LEMON POI」のレモンは、食えないレモン農家・古泉さんのところのもの。ただ、蒸留機にかけて凝縮された純度の高いレモンは、なぜかかえって人工的なテイストになってしまう。そこで苗目で収穫したレモンバーベナ・レモングラス・レモンバジルからつくったスピリッツをブレンド。レモンよりもレモンのような、「レモンぽい」ブランデーができた。

同じく古泉農園で初冬に収穫した温州みかんを使った「ALL MIKAN」は、ぼくにとっては冒険だった。通常、柑橘の蒸留酒は皮の部分しか使わない。食べるのは実のほうなのに、ぼくは常々これを不思議に思っていた。試しに皮をすべて剝いたあと、実も発酵させてみると、みかんならではの爽やかな香りが立ちのぼってくる。皮のほうは、ライススピリッツに6週間漬け込み、香りと風味をゆっくり抽出したのちに蒸留する。そして両方をブレンド。日本のみかんらしい、やさしいフルーツ・ブランデーができあがった。

誤算だったのは、加水時に白濁してしまったこと。蒸留酒では、濁りがないことが良しとされるのだ。白濁はオイル分が多い場合に起こりがちな現象で、対策としては加水時に蒸留酒と水の温度をあわせるとか、できるだけ低い温度でブレンドするとか、ゆっくりと加水するとか諸説ある。もちろんそうしたことには気をつけてはいるのだが、どれほど温度をあわせ、ゆっくり加水しても、ある地点に達すると一気に濁ってしまうのだ。

その理由はわかっている。それは、蒸留酒に溶け込んでいたオイルが加水によりアルコール度が下がることで表出し、水と反応してしまうから。つまり白濁させないためには、使うみかんの量を減らしてオイル分を減らすか、オイル分よりも細かい濾紙で濾過するかの二択だ。だが、みかんの量は減らしたくないし、濾過によってオイル分以外の成分も濾してしまうのもためらわれる。

悩んでいたぼくの背中を押してくれたのは、尊敬する自然派ワインバーのマスターだった。

「なぜ、蒸留酒が濁っていたらいけないの？」

そうだ、ナチュラルワインの世界では、濁りは悪いことではない。誰も味わったことのないブランデーをめざすのなら、既成の常識から逸脱することも許されるのではないか。

こんな経緯で思い切って披露した「ALL MIKAN」だが、試飲してくれた方々からの評判もよく、参考になる意見もいろいろいただいた。来てくださった方々のなかには飲食店を営んでいる人もいて、店で出したいとも声をかけてもらう。

この調子で少しずつ製造量を増やしていき、生産ラインにのせていきたいところだ。

「実」と「莢」

煩悶《はんもん》し、時には焦燥すら感じていた「mitosaya」の方向性については、気がつけばいつの間にか、自分のなかで不思議なくらい、クリアになった。

結論はものすごくシンプルで、結局は目の前にあるもの、つまりは自然の営みに向き合うということだ。

綺麗事に聞こえるかもしれないが、この数年、ぼくが慣れない金策に走り回り、40代も半ばを過ぎて初めて各種免許取得に奮闘し（フォークリフトの免許のようなフィジカルに苦戦を強いられたものと、酒造免許や保健所の許可証のように、書類と格闘したもの二つがある）、まわりの人々の力を借り、思いがけない出会いに恵まれ、行き着いたのがここだ。

果実を一つひとつもぎ、仕分けをし、時には一個ずつ皮を剝くような地道な作業を延々とこなし、発酵する果実の匂いを嗅ぎ、計器で測定し、蒸留機を動かし……こんなふうに体を動かしているうち、いつの間にか、あるべきものが見えていたのだ。

２０１８年10月の「蒸留所開きツアー」の時に、「mitosaya」メンバーに短いコラムを書いてもらい、リーフレットをつくったのだが、その時にデザイナーの山野英之さんが「mitosaya」のタイポグラフィデザインに関して綴ってくれた話が、「mitosaya」のあり方をうまくとらえてくれていると思う。少し長くなるが、その一文を引用したい。

――通常ブランドのデザインは、将来ブランドがこうなったらいいな、という理想の姿をたぐりよせるように考えはじめます。

内容、規模、社会への関わりなどのイメージを共有しながらつくりあげていく場合が多いのですが、そのビジョンも、数々の前例を無意識のうちに編集して、答え合わせをしているにすぎないのかもしれません。

今回「mitosaya」で進めているグラフィックデザインに関しては、とりあえず、「ずっと決めない」ということをやっています。というか、誰も決められない。

強いアイデンティティを掲げて、その旗についていくやり方がスムーズな場合もあるけれど、「MITOSAYA」に関しては、何かちょっと違う。

ほら、大文字か小文字かさえもいまだに曖昧。

聞きなれない名前、見たことのない風景、誰も味わったことのないお酒。

そういった、蓋を開けてみないと何が入っているのかわからない（空の場合もある）箱を目の前に、みんなで集まって、ああでもないこうでもないと言っているのだから、蓋に同じスタンプを押すことが目的ではなく、毎回違った絵柄が描いてあって、それも含めて、ああだのこうだの言い合うことに意義があるのかもしれないし、むしろそれを、お酒を飲む人みんなが楽しめることが重要だと思っている。

いまだ一歩しか進んでいないのか、すぐそこにゴールが見えているのか（そんなことは絶対にないんだけれども）、まったくもって想像できないこのO・D・P（オジサン・ドリーム・プロジェクト）には強いブランディングではなく、有機的で柔軟な、まるでお酒づくりのようなグラフィックが必要なんじゃないか――。

もちろん、ゴールなんて見えていない。

ようやくスタートにたどり着いた、と言うべきなのだろう。

毎日、やることは山積みだ。しかし時間に追われながらも、精神的な辛さは感じていない（眠いだとか疲れたとか、肉体的に辛い、ということはあるけれども）。

ぼくにこんな新たな道を示してくれたクリストフだが、彼は2018年末に「Stählemühle」をクローズしてしまった。ただ、蒸留所や土地を売却したわけではない。これからも自身が必要と思ったり、愛好家のためにつくることはあるだろうが、もう市場の流通に乗ることはない。ぼくが思うに、蒸留所が多忙になりすぎ、彼が思い描く仕事が、生き方と結びついたものではなく、単なる労働となってしまったせいなのではなかろうか。ぼく自身、考えさせられるものがある。

しかし、感傷に浸る余裕はない。

いまはクラウドファンディングの「ボタニカルプロダクト（ノンアルコール）」リターンの一環として、キャンドルづくりに精を出している。鍋に投じたワックスを火にかけているのでとにかく暑くて、文字通り汗を流しているのだ。

「mitosaya」の植物を使ったプロダクトとしては、これまで春鬱金《はるうこん》と染井吉野のシロップ、アンジェリカ・シナモンリーフ・矢車草・マヌカ・金盞花《きんせんか》などのボタニカルティ、麦わら帽子、敷地内で採取した蜂蜜、ヘンルーダの栞《しおり》などをつくってきた。最後のプロダクトには、蒸留した時に生じるもろみを煮出し、果実やハーブの香りと色を抽出した上澄み液を使ったキャンドルだ。

毎回さまざまな方の助力を得ながら無我夢中でつくってきたリターンのプロダクトだが、このキャンドルをつくりながら、あらためて「mitosaya」の姿が見えてきたような気がする。

そう、「実」と「莢」。

「実」が意味するものは、蒸留酒だ。

そして「莢」——すなわち実の外にあり、実を使ったら役目を果たしたように思われるものだが、じつは役目はそこで終わりではなく、このキャンドルに使ったもろみのように、新たな何かを生み出す力を秘めているものだ。

「ものをつくる」とか、「価値観を発信する」ということについて言えば、ぼくがかつて営んでいた本屋業も広義の意味で該当する。しかしたとえばイベントに向けて小冊子をつくろうとすると、印刷費だとか部数だとか、すべて自分の手の内でコントロールできてしまうのだ。

自然を相手にしていると、そのコントロールが利かない。

だから面白い。

だから新しいものが見えてくる。

梅、桃、すもも、枇杷、さくらんぼ、花梨、梨、ぶどう、柿、りんご、みかん、金柑《きんかん》、柚子、オレンジ、キウイ、ブルーベリー、レモン、ラベンダー、ローズマリー、ミント、ゼラニウム、アンジェリカ、ニガヨモギ、レモンバーベナ、フェンネル、アニス、ヒソップ、コリアンダー、ヘンルーダ。

ぼくはいま、こんな果実やハーブに囲まれて暮らしている。
さあ、今日は何をつくろうか。

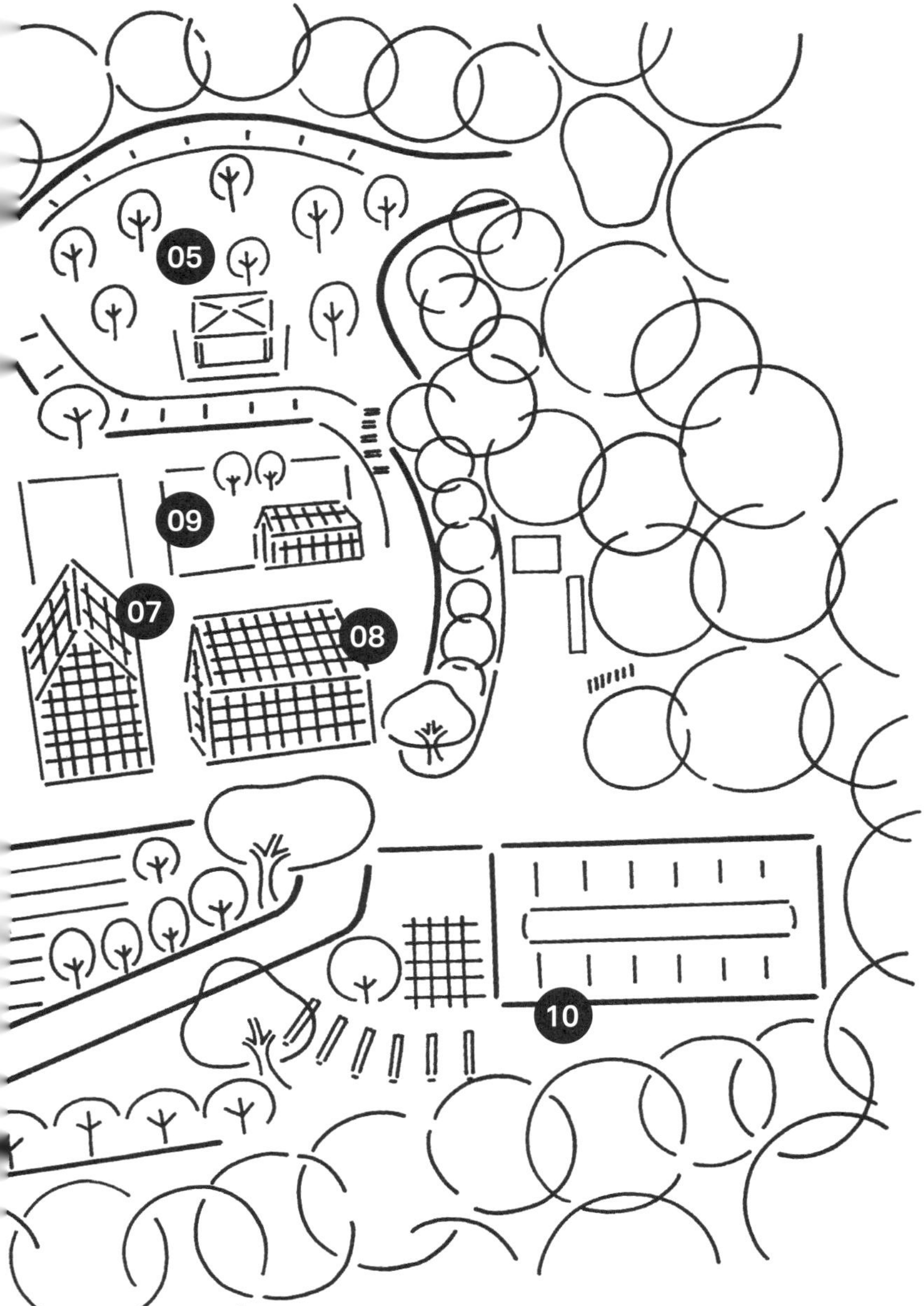
05
09
07
08
10

MITOSAYA BOTANICAL DISTILLERY MAP

06 **Distillery**
蒸留所

元は薬草の展示室などがあった建物が蒸留棟へ。外見はほとんどいじらず、なかだけを求められる要件に基づいて改修した。入口から入ってすぐの楕円形のホールと、蒸留室の球形のペンダントライトが唯一の装飾的要素。

07 **Shop, Tasting room**
ショップ・テイスティングルーム

温室を蒸留所にはつきもののテイスティングルームにするのは最初からのアイデア。
天井高が８ｍもあり当然収穫用植物の栽培には向かないが、鑑賞用の温室は贅沢品

08 **Glass house**
温室

アロエの茂るもう一つの温室の利用法は検討中。

09 **Edible Farm**
エディブルファーム

エディブルガーデンという名前の割には簡素な庭。

10 **Marsh plants**
湿地の植物

ニリンソウ、かんなの花が風に吹いてるゾーン。山から降りてきた水を貯めていた形跡があるが、現在はその水場は枯れており、水道水で適宜補充している。

11 **Medical plants**
薬草

薬草園の園たるゾーン。多くの薬草が栽培されているが、春はどくだみに覆われる。

12 **Citrus and peach**
柑橘類や桃の樹

柑橘や桃、梨などの果樹が山を背負って茂る。

01 Entrance
エントランス

細いゲートをくぐると、階段を登っていく小道が現れる。

この道が、幼い兄が妹の手を引く、ユージン・スミスの写真「楽園への歩み、ニューヨーク郊外」を彷彿させると中山さんが言った時に、皆の頭にその情景が浮かんだ。

02 Scented Herb Circle
ハーブ・サークル

一般的なハーブは一揃い。バナナの香りのするカラタネオガタマ。ニッケイの巨木がシンボル。雑食性のミントはコンテナに分けて。

03 Absinthe field
アブサン・フィールド

元々は有毒植物区だったところに、アブサンの原料になるニガヨモギ、フェンネル、アニス、ヒソップなどを植えた。元々あった毒草はある程度整理したものの、予想もつかない場所に飛んでいて生えているから驚く。

04 Bee's house
蜜蜂のためのスペース

蜜蜂が増える分、そこにいた植物や虫たちの栄養源を増やすべし、と隆太郎が言い出し、シロツメクサのたねをふりかけのように撒いたら大増殖した。

05 Azumaya
東屋

元々あった東屋に焼き杉で壁と窓をつくり扉をつけて小屋に。友人の結婚式に合わせてつくった直径 6m のテーブル、クラウドファンディングの植樹コースの支援者のための果物たち。一番好き勝手やっているのがこのスペース。ちょっと高台になっているのもいい。

江口宏志（えぐち・ひろし）

蒸留家。1972年、長野県生まれ。2002年にブックショップ「UTRECHT」をオープン。2009年より「TOKYO ART BOOK FAIR」の立ち上げ・運営に携り、2015年に蒸留家へと転身。2018年に千葉県夷隅郡大多喜町の元薬草園を改修し、果物や植物を原料とする蒸留酒（オー・ド・ビー）を製造する「mitosaya薬草園蒸留所」をオープン。千葉県鴨川市でハーブやエディブルフラワーの栽培等を行う農業法人「苗目」にも携わる。

www.mitosaya.com/

mitosaya 薬草園蒸留所

千葉県大多喜町の薬草園跡に設立された、自然からの小さな発見を形にする蒸留所。
住所：千葉県夷隅郡大多喜町大多喜486
Webサイト：www.mitosaya.com/
Facebook / Instagram / Twitter：@3tosaya

ぼくは蒸留家になることにした

発行日	2019年12月25日　初版第1刷発行
著者	江口宏志
構成	植林麻衣
巻頭写真	伊丹 豪
本文写真提供	伊丹 豪、濱田英明、山田 薫、 Luka Zuljevic、Otti
カバーイラスト	山本祐布子
表紙スケッチ	中山英之
デザイン	TAKAIYAMA inc.
校正	株式会社円水社
企画・編集・DTP	飯尾次郎（Speelplaats Co., Ltd.）
編集	贊川 雪（世界文化社）
発行者	竹間 勉
発行	株式会社世界文化社 〒102-8187　東京都千代田区九段北4-2-29 電話　03(3262)5118（編集部） 03(3262)5115（販売部）
印刷・製本	中央精版印刷株式会社

ISBN978-4-418-18600-6